C语言程序设计第一课

赵 军 编著

清華大學出版社
北 京

内 容 简 介

这是一本适合学习C语言编程的入门教材，全书通过丰富的范例对C语言的基础语法进行通俗明了的讲解，内容包括C语言的数据处理、表达式与运算符、选择性流程控制、循环流程控制、数组与字符串以及函数等的应用。

本书强调学用相结合，丰富的范例程序结合上机实践，教你领会C语言结构化编程的基本概念；综合范例练习帮助你强化语法的理解能力；各章的课后练习可马上检验你的学习效果；另外还有完整的教学视频可供下载，以辅助你更加高效地自学。

希望本书能降低中学生学习C语言编程的门槛，减少编程初学者自学的障碍，成为大家进入程序设计领域的第一课，同时为进一步学习人工智知识理论、应用拓展、创新设计等打下坚实的基础。

图书在版编目（CIP）数据

C语言程序设计第一课 / 赵军编著.—北京：清华大学出版社，2018
ISBN 978-7-302-50639-3

Ⅰ.①C… Ⅱ.①赵… Ⅲ.①C语言－程序设计 Ⅳ.①TP312.8

中国版本图书馆CIP数据核字（2018）第156480号

责任编辑：夏毓彦
封面设计：王 翔
责任校对：闫秀华
责任印制：董 瑾
出版发行：清华大学出版社
网 址：http://www.tup.com.cn，http://www.wqbook.com
地 址：北京清华大学学研大厦A座 邮 编：100084
社 总 机：010-62770175 邮 购：010-62786544
投稿与读者服务：010-62776969，c-service@tup.tsinghua.edu.cn
质量反馈：010-62772015，zhiliang@tup.tsinghua.edu.cn
印 装 者：北京嘉实印刷有限公司
经 销：全国新华书店
开 本：190mm×260mm **印 张：**13.5 **字 数：**302千字
版 次：2018年10月第1版 **印 次：**2018年10月第1次印刷
定 价：49.00元

产品编号：079690-01

前　言

人工智能技术的未来就是信息技术的未来，而“程序设计”或称为“编程”是学习人工智能技术的逻辑编程类和通过编程实践解决问题的基础课程之一，已经列入中学的信息技术课程，对于将来人才综合素质的评估，即便是非计算机或信息类专业的人才，程序设计也是必备的基础能力之一。

C 语言称得上是一门历史悠久的高级程序设计语言，也往往是现代程序设计初学者最先接触的程序设计语言，对近代的计算机科学领域有着非凡的贡献。C 语言持续屹立不倒已达 40 余年，无论是后来的 C++、Java、PHP，还是 .NET 中的 C#、VB.NET 等，都是以 C 语言作为参考发展起来的。因此，学会 C 语言往往是学习其他程序设计语言的基础。只有当我们具备了逻辑编程的坚实基础和通过编程实践来解决问题的能力，才能进一步学习人工智能的知识理论类的课程、应用拓展类课程、创新设计类的课程。

C 语言具备高级语言的结构化语法，有高度可移植性与强大的数据处理能力。绝大多数硬件驱动程序、网络协议都是 C 语言所编写的，特别是以 C 开发出来的程序，其执行效率相当高，也相当稳定，深受许多程序设计者的喜爱。

市面上关于 C 程序设计方面的书非常多，但编写的主要内容通常适用于大专院校的程序设计语言课程，这类书的定位较不适合中学生和初学者，在这种思路的指引下，希望可以编写一本适合中学生入门和初学者自学的教材。因此本书讲述的内容以基础语法为主，再导入一些简单的函数基本概念，希望学习者可以通过有趣且多样的简易范例程序，轻松学会 C 程序设计语言。

另外，本书在各章结束前除了综合程序范例外，还安排了课后习题，可用于检验学习成效。因此，本书非常适合作为C语言的入门教材。笔者通过大量的范例程序来帮助初学者学习，以便快速带领大家进入C语言程序设计领域。

本书由赵军主编，参与本书编写的人员还有张明、王国春、施妍然、王然等。由于编者水平和经验所限，书中难免存在疏漏和不足之处，希望得到大家的批评指正。

本书为读者特意录制了教学视频，希望能降低中学生的学习门槛，减少初学者的自学困惑。

读者可以从以下地址（注意区分数字与英文大小写）下载所有范例程序的源代码、教学PPT和全程视频文件：

https://pan.baidu.com/s/1cJ5-nuB4m8_c5OpuI3KTHA

也可以扫描右方的二维码下载，如果下载有问题，或者对本书有任何疑问与建议，请联系booksaga@126.com，邮件主题为“C语言程序设计第一课”。

最后，为了便于读者在学习中进行讨论和交流，我们还建立了“程序设计第一课讨论群”（QQ群），大家可以在群里讨论问题，笔者也会对重点问题进行解答。QQ群号为801630455，也可以直接扫描进群的二维码：

编 者

2018年7月

目录

第 1 章 C 语言初步体验

第 2 章 C 语言的数据处理

第 3 章 活用表达式与运算符

第 4 章 选择性流程控制

第 5 章 循环流程控制

第 6 章 数组与字符串

第 7 章 函数

第 1 章

C 语言初步体验

本章重点

1. 程序设计语言发展的历史
2. C 语言的特色
3. Dev-C++ 的下载与简介
4. 认识 Dev-C++ 工作环境
5. 编写第一个 C 程序

C 语言称得上是一种历史悠久的高级程序设计语言，也往往是现代程序设计初学者最先接触的程序设计语言之一。C 语言对近代的计算机科学领域有着非凡的贡献。C 语言的前身是 B 语言，最早是在 1972 年时由贝尔实验室的 Dennis Ritchie 博士在 PDP-11 计算机的 UNIX 操作系统上发展出来的。

设计 C 语言的最初目的主要是作为开发 UNIX 操作系统的工具，由于 C 语言推广相当成功，使得 UNIX 操作系统开发难度降低且进行顺利，同时加入了数据类型概念以及其他函数功能，因而广泛应用于其他的程序设计领域。

1.1 认识程序设计语言

程序设计语言发展的历史已有半世纪之久，种类还不少，如果包括实验、教学或科学研究的相关用途，问世的程序设计语言可能有上百种之多，由最早期的机器语言发展至今，已经迈入第五代自然语言，不过每种程序设计语言都有其发展的背景及目的。

程序设计语言就是一种人类用来和计算机沟通的语言，也是用来指挥计算机运算或工作的指令集合，可以将人类的思考逻辑转换成计算机能够了解的语言。每一代的语言都有其特色，无论任何一种语言都有其专用的语法、特性、优点及相关应用的领域。按照其发展演变过程，分类如图 1-1 所示。

图 1-1 程序设计语言的发展史

1.1.1 机器语言

机器语言（Machine Language）是最早期的程序设计语言，任何程序在执行前都必须被转换为机器语言，由 1 和 0 两种符号构成。机器语言写法如下:

```
10111001（设置变量 A）
00000010（将 A 设置为数值 2）
```

不过每一家计算机制造商，往往因为计算机硬件设计的不同而开发不同的机器语言。这样不但使用不方便，可读性低，也不易于维护，并且不同的机器平台，编码方式也不尽相同。

1.1.2 汇编语言

汇编语言（Assembly Language）指令比机器码指令看起来稍有“意义”一些，但仍然与机器语言是一对一的对应关系，因此与机器语言一样被归类为低级语言，只是它在编写上比机器语言容易多了。

每一种系统的汇编语言都不一样，就PC而言，用的是80×86的汇编语言。例如，MOV指令代表设置变量内容、ADD指令代表加法运算、SUB指令代表减法运算，汇编语言写法范例如下：

```
MOV  A , 2   (变量A的数值内容为2)
ADD  A , 2   (将变量A加上2后，将结果再存回变量A中，如A=A+2)
SUB  A , 2   (将变量A减掉2后，将结果再存回变量A中，如A=A-2)
```

1.1.3 高级语言

对一般人来说，纯粹用汇编语言完成一个程序仍然是一件相当困难的事情。所谓高级语言，就是比汇编语言的语句更容易看懂的程序设计语言。高级语言的指令和语句都更接近日常生活中常使用的文字或符号，我们编程时所需要做的就是变量声明，以及程序流程的控制。例如，Fortran语言是世界上第一个开发成功的高级语言，更是历久弥新，现在仍有许多研究机构用来解决工程与科学上的问题。或者早期非常流行的BASIC语言，不但易学易懂，非常适合于初学者了解程序语言的工作方式，甚至间接带动了当年PC使用的风潮，目前最为流行的高级语言有C、C++、Java、Visual Basic或Python语言，尤其是堪称常青树的C语言，算得上是近三十年来最为出色的高级语言。

1.1.4 非过程性语言

“非过程性语言”（Non-procedural Language）也称为第四代语言（Fourth Generation Language，4GL），英文简称为4GLS，特点是编程者不必描述数据存储的细节，只需要将步骤写出来，且不必管计算机要如何去执行，也不需要去理解计算机的执行过程，这种语言减轻了用户设计程序的负担，例如数据库的结构化查询语言（Structural Query Language，SQL）就是一种第四代语言，SQL语言写法范例如下：

```
DELETE FROM employees
  WHERE employee_id = 'C800312' AND dept_id = 'R01';
```

1.1.5 人工智能语言

人工智能语言称为第五代语言，或称为自然语言（Natural Language），它是程序设计语言发展的终极目标，为用户提供以一般人类语言的语句直接和计算机进行对话，向计算机发出问题，而不必考虑程序的语法与规则，所以自然语言必须有人工智能（Artificial Intelligence，AI）技术的发展作为保障。

1.2 C语言的特色

C语言是一种相当灵活、轻盈且历史悠久的程序设计语言，不但是现代程序设计领域初学者最先接触的程序设计语言之一，也深受全世界专业程序设计人员所喜爱。由于许多平台上都可以运行C的程序，各家厂商所出品的C开发工具时常融入不同的特性与特殊语法，而这往往会增添程序设计人员在开发上的困扰。

因此在20世纪80年代初，美国国家标准协会（American National Standard Institution，ANSI）特别为C制定了一套完整的国际标准，称为ANSI C，作为C语言的标准，即标准C。因此，我们目前只要使用符合

ANSI C 格式的标准 C 的语法，即可在各个平台上通行无阻了。为什么 C 能有如此屹立不动的地位呢？我们可以简单归纳出以下四项特点。

1.2.1 硬件沟通能力

C 语言经常被程序员们称为“中级语言”，原因是 C 语言不但具有高级语言的亲和力，容易开发、阅读、调试与维护，而且在 C 的程序代码中允许开发者加入低级的汇编程序，使得 C 程序更能够直接控制与存取硬件系统，而且一直都是开发操作系统的主力底层语言，例如连单芯片（如 8051）、嵌入式系统或硬件驱动程序的开发，也都可以使用 C 语言来设计。

1.2.2 高效率的编译型语言

任何程序编写的目的，都是为了执行的结果，因此都必须转换成机器语言才能正确执行，从程序设计语言转换的方式来看，可以分成编译型语言与解释型语言两种。

1. 编译型语言

编译型语言在程序开始执行前，必须使用编译器（compiler）来将源代码程序转换为机器可读取的可执行文件或目标程序，不过编译器必须先把源代码程序读入主存储器后才可以开始编译，编译后的目标程序（object file）可直接对应成机器码，故可在计算机上直接执行，不需要每次执行都重新“翻译”，执行速度自然较快。例如 C、C++、PASCAL、FORTRAN、Java 语言都属于编译型语言。

2. 解释型语言

解释型语言在程序开始执行前，源代码程序可以通过解释器（Interpreter）将程序一行接一行地读入，逐行“解释翻译”并交由计算机执行，解释的过程中如果发生错误，就会立刻停止，不会产生目标文件或可执行文件。由于每次执行时都必须再“解释”一次，因此执行速度较慢，效率也较低，例如 Basic、LISP、Prolog、Python 等语言都采用解释执行的方法。

1.2.3 程序的可移植性高

C 语言具备了相当强的可移植性（portability），就好比硬件的高兼容性，也就是使用 ANSI C 函数库所编写的程序，只要程序代码稍作修改就能立刻搬到其他操作系统上执行，许多计算机及操作系统平台上基本都开发和提供了 C 的编译器，例如 MS-DOS、Windows 系列、UNIX/Linux 操作系统，甚至 Mac 系统等。

1.2.4 灵活的流程控制

C 的语法不但严谨简洁，而且在设计上具有高级语言的结构化流程控制与模块化特性，更可以使用函数（function）与运算符（operator）来增加程序代码的可读性，还具有功能强大的函数库（library），从而节省了程序设计人员重新编写程序代码的重复工作，同时也让程序代码较容易调试和维护。

1.3 Dev-C++ 的下载与简介

早期程序设计人员如果要着手开始设计 C 程序，则首先必须找一种文本编辑器（例如 Windows 系统下的记事本）来编辑程序代码，接着选择一种 C 的编译器（如 Turbo C/C++、gcc 等）来编译并执行 C 程序。不过，现在不用这么麻烦了，只要找个可将程序的编辑、编译、执行与调试等功能集于一体的同一操作环境，即所谓的“集成开发环境”（Integrated Development Environment，IDE）。由于 C 语言受到各界的欢迎，市场上有许多家厂商陆续开发了许多 C 语言的 IDE， 如果大家是 C 的初学者，又想学好 C 语言，那么免费的 Dev-C++ 肯定是一个不错的选择。

1.3.1 Dev-C++ 下载过程

原本的 Dev-C++ 已停止开发，改为发行非官方版，Owell Dev-C++ 是一个功能完整的集成开发环境（含编译器），是开放源码（open-source code）

的软件，专为 C/C++ 语言所设计。在这个环境中，我们可以轻松编写、编辑、调试和执行 C 语言的种种功能。要安装 Dev-C++ 软件，可从如下网址自行下载（参见图 1-2）最新的版本：

http://sourceforge.net/projects/orwelldevcpp/?source=typ_redirect

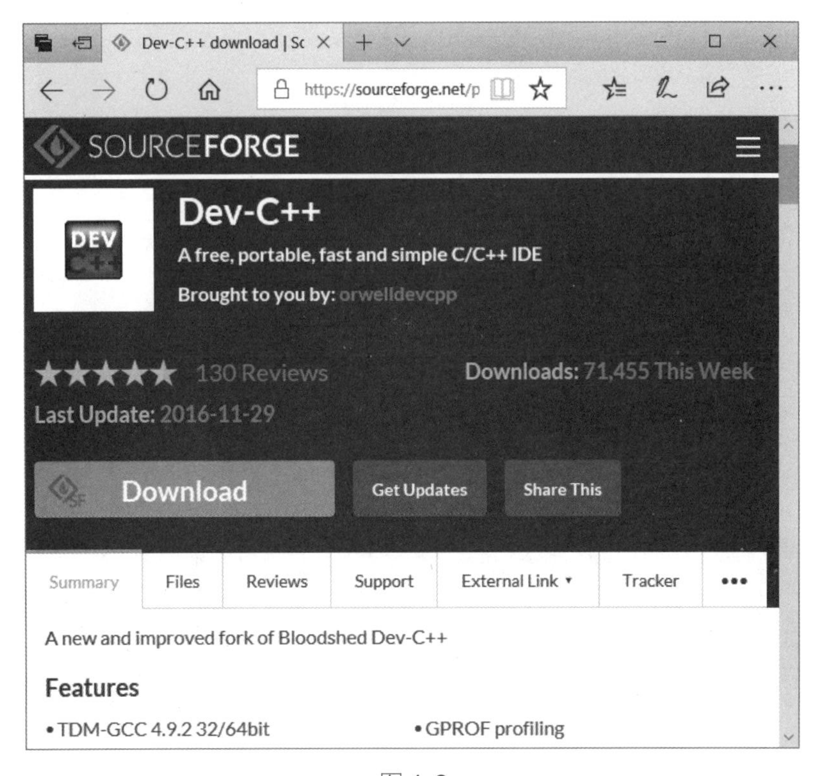

图 1-2

在我们下载好了“Dev-Cpp 5.11 TDM-GCC 4.9.2 Setup.exe”安装程序之后，就可以在所下载的文件夹中用鼠标左键双击以启动这个安装程序。安装程序启动后，首先会要求选择语言，此处先选择“English”，如图 1-3 所示。

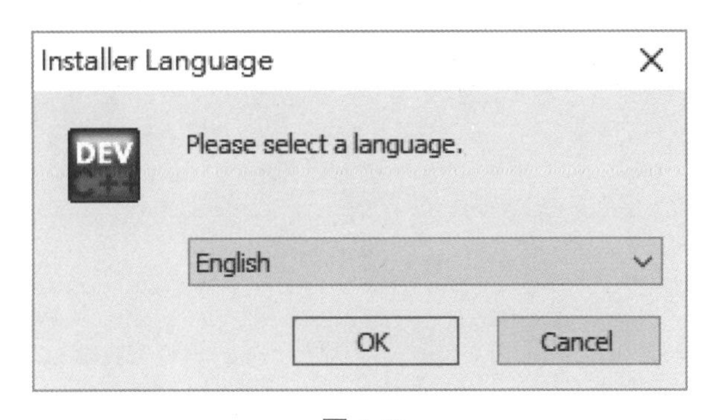

图 1-3

接着单击“I Agree”按钮，如图 1-4 所示。

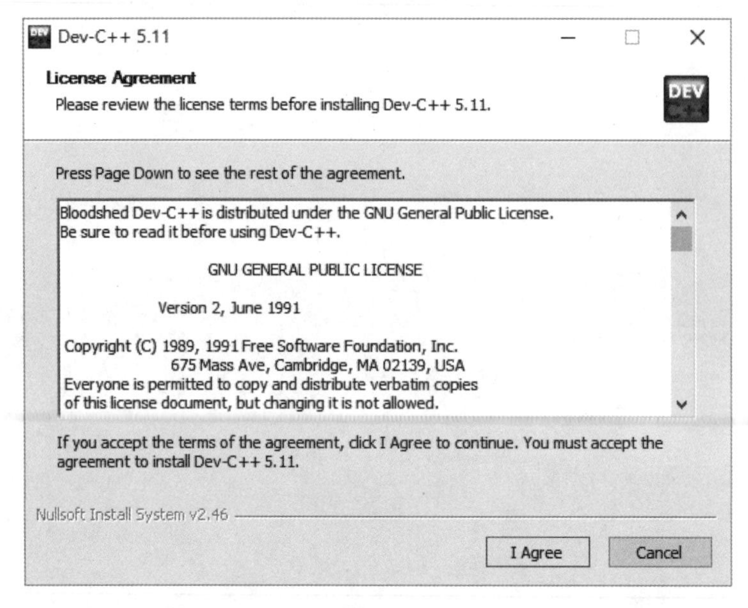

图 1-4

进入如图 1-5 所示的窗口选择要安装的组件，再单击“Next”按钮。

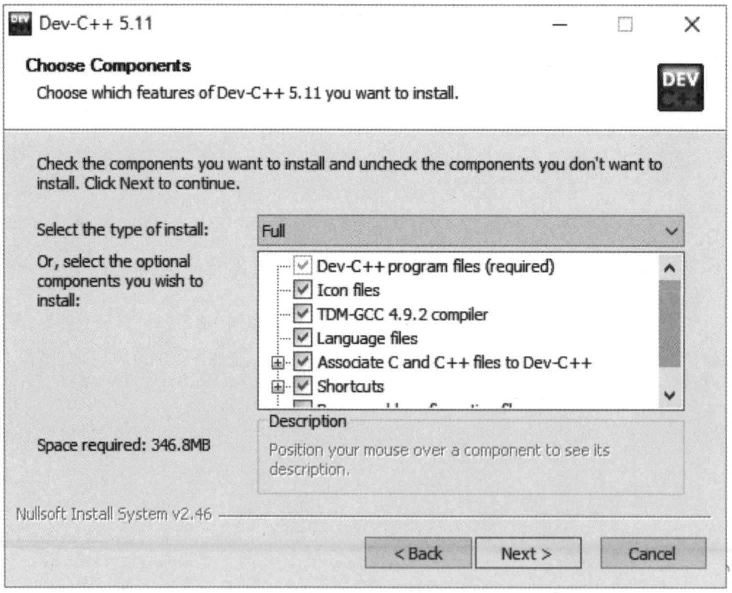

Dev-C++ 5.11
Choose Components
Choose which features of Dev-C++ 5.11 you want to install.
DEV
Check the components you want to install and uncheck the components you don't want to install. Click Next to continue.
Select the type of install: Full
Or, select the optional components you wish to install:
Dev-C++ program files (required)
Icon files
TDM-GCC 4.9.2 compiler
Language files
Associate C and C++ files to Dev-C++
Shortcuts
Space required: 346.8MB
Description
Position your mouse over a component to see its description.
Nullsoft Install System v2.46
< Back
Next >
Cancel

图 1-5

之后就会被提示要安装的目标文件夹，其中“Browse”可用于更换安装路径，如果采用默认安装路径，则直接单击“Install”按钮，如图 1-6 所示。

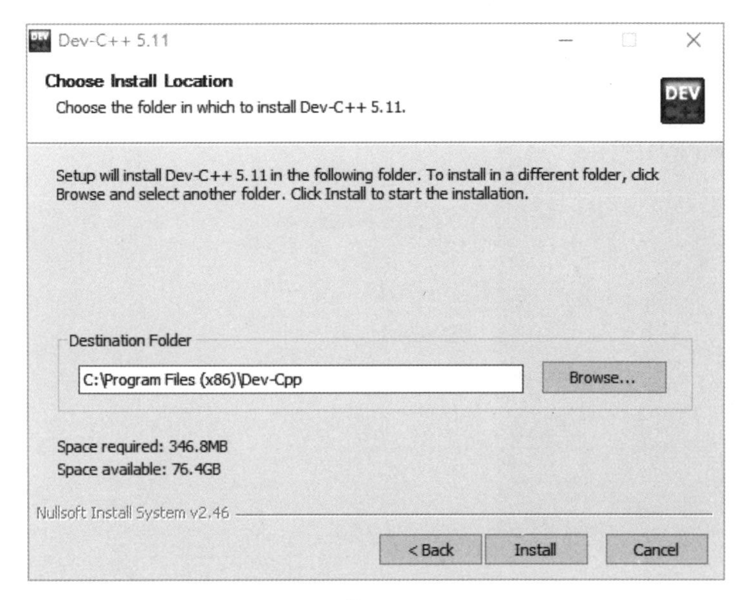

图 1-6

接着就会开始复制要安装的文件，如图 1-7 所示。

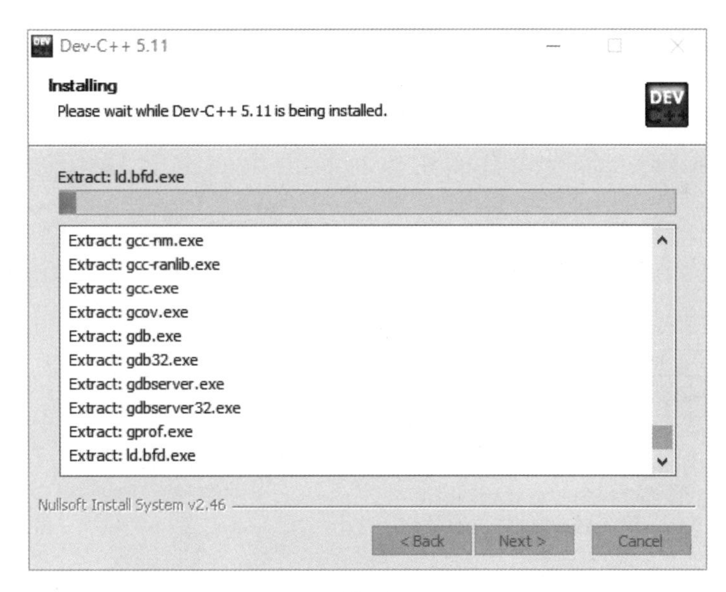

图 1-7

当我们看到如图 1-8 所示的界面时，就表示安装成功了。

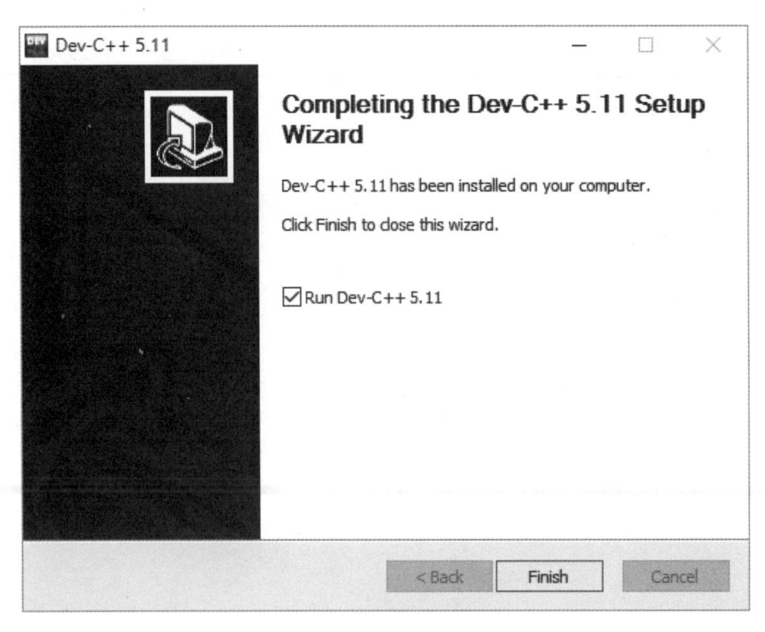

图 1-8

1.3.2 认识 Dev-C++ 工作环境

安装完毕后，在 Windows 操作系统下的“开始”菜单中选择“Bloodshed Dev C++/Dev-C++”选项或直接用鼠标双击桌面上的 Dev-C++ 快捷方式，以启动 Dev-C++。如果你看到的界面是英文界面，则可以依次选择菜单选项“Tools/Environment Options”，然后在如图 1-9 所示中“Language”选项中选择“简体中文 /Chinese”。

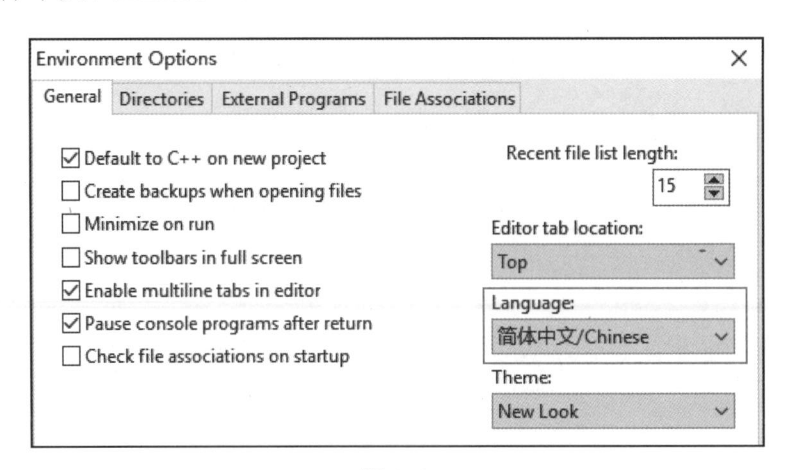

图 1-9

更改完毕后，就会出现简体中文的界面，如图 1-10 所示。

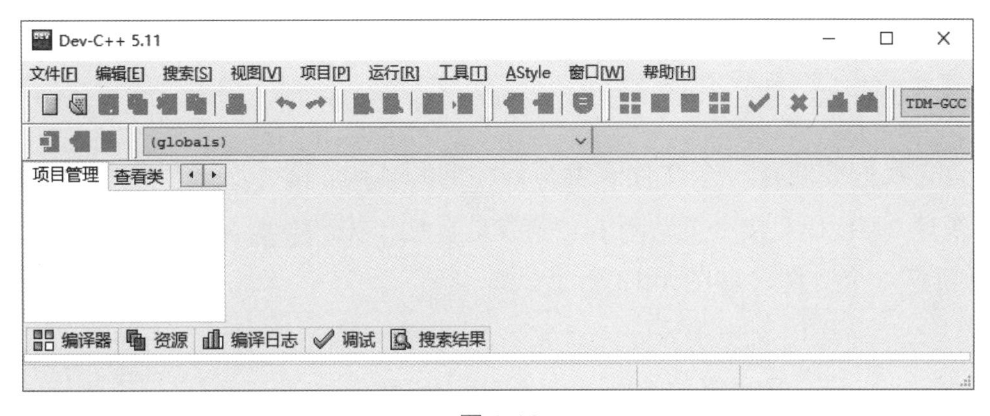

图 1-10

注意 启动 Dev-C++ 时出现问题

如果启动Dev-C++后出现如图1-11所示的窗口，就直接单击“Yes”按钮。

图 1-11

1.4 Hello！我的第一个 C 程序

对一个程序设计语言的初学者来说，讲太多语法理论是没有太多帮助的，最快的方法就是实际编写和运行一个小程序来体会其中的奥妙。接下来我们就带着大家从无到有使用 Dev-C++ 集成开发环境来编写与运行第一个 C 程序——helloworld。

1.4.1 程序代码的编写

首先我们要新建一个文件来编写程序的源代码，请一次选择菜单选项“文件 / 新建 / 源代码”指令（见图 1-12）或是直接单击“源代码”按钮，就会新建一个文件，如图 1-13 所示。

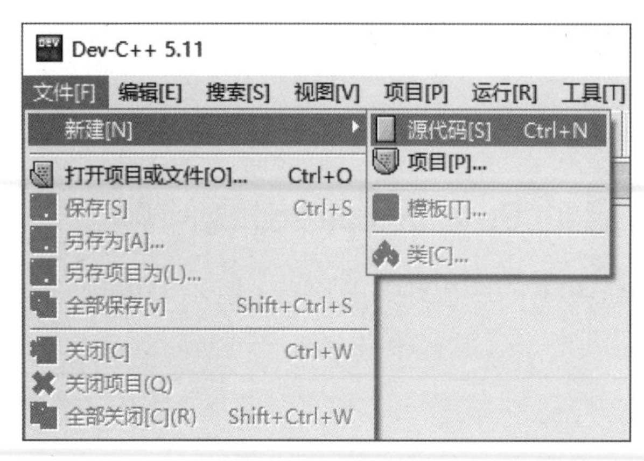

图 1-12

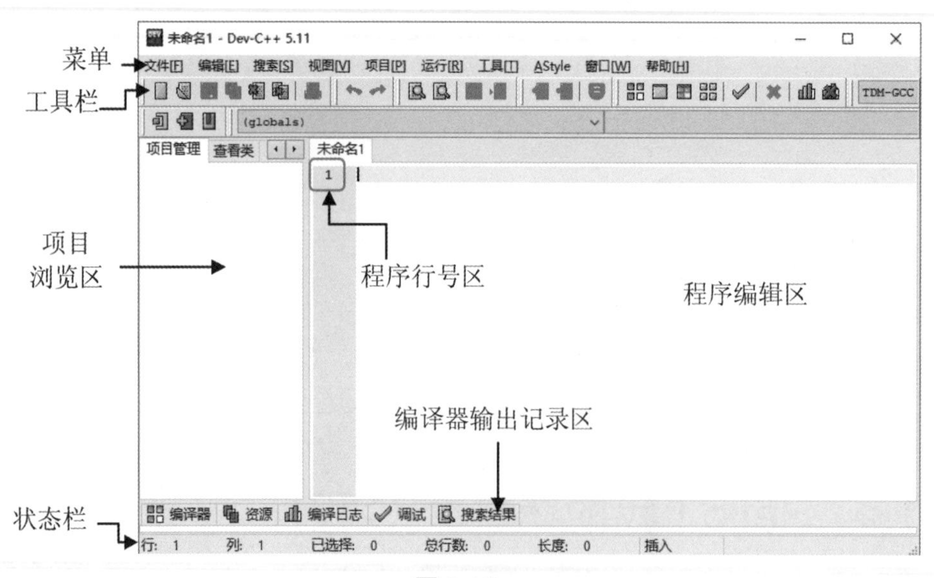

图 1-13

Dev-C++ 拥有可视化的窗口编辑环境，会将程序代码中的字符串、指令与注释分别标示成不同颜色，这个功能让程序代码的编写、修改和调试便捷很多。接着请在 Dev-C++ 的程序编辑区中一字不漏地输入如下 C 程序代码（注意，C 语言是区分英文字母大小写的）：

Hello World 程序

【范例程序：CH01_01.c】

```
01 #include <stdio.h>
02 #include <stdlib.h>
03
04 int main(void)
05 {
06     printf("我的Hello World程序!\n");/* 输出字符串 */
07
08     return 0;
09 }
```

执行结果 如图 1-14 所示。

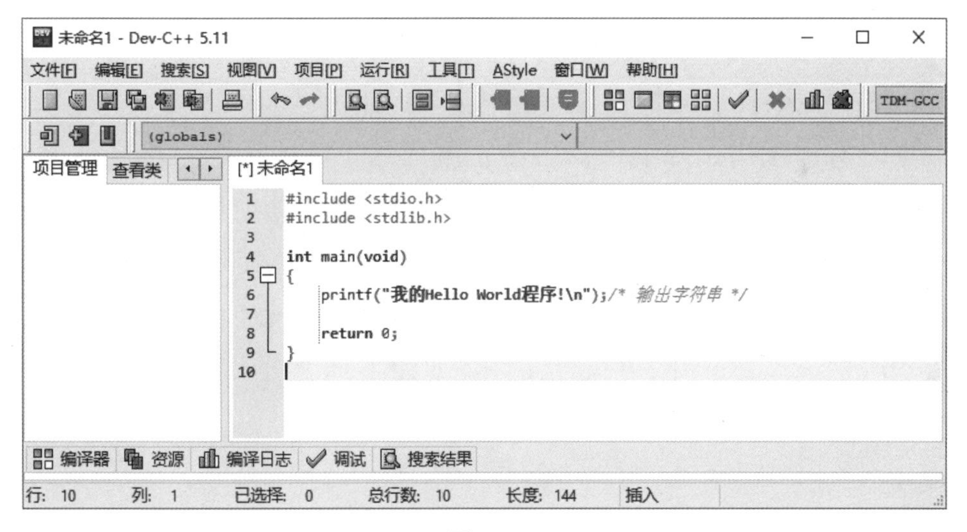

图 1-14

输入完程序代码后，单击“保存”按钮，并选择存盘路径、文件名（CH01_01），并以 .c 为文件扩展名。如果这个文件是全新文件，而且尚未存盘，Dev-C++ 会提醒我们要先将该文件存盘。在此我们将文件保存为 CH01_01.c，以方便后续的操作，如图 1-15 所示。

图 1-15

1.4.2 程序代码的编译与运行

接下来开始执行编译过程，编译阶段其实包括了“编译”“链接”两个步骤，通常如果没有语法错误，编译器就会把编译结果存成一个目标文件（object file），然后这个目标文件再经由链接器（linker）链接到其他目标文件及函数库，形成一个“.exe”的可执行文件。请单击工具栏中的编译按钮或依次选择菜单选项“运行 / 编译”，如果编译成功，Compiling 就会出现“Done”字样，表示成功产生了“.exe”的可执行文件，如图 1-16 所示。当我们按下键就会重新回到刚才的编辑环境。

图 1-16

由于我们已经成功编译完成了第一个程序，可执行文件的扩展文件名在 Windows 系统下是“.exe”，接下来我们依次选择菜单选项“运行 / 运行”，或者单击“运行”按钮，或者按【F10】键，将会看到如图 1-17 所示的运行结果，当再按下任意键后就会回到 Dev-C++ 的集成开发环境。

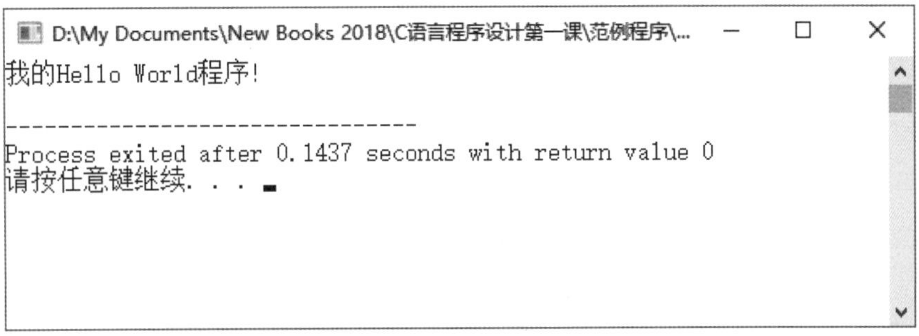

```
D:\My Documents\New Books 2018\C语言程序设计第一课\范例程序\...
我的Hello World程序!

--------------------------------
Process exited after 0.1437 seconds with return value 0
请按任意键继续. . .
```

图 1-17

1.4.3 程序调试简介

调试（debug）是任何程序设计人员编写程序时的“家常便饭”，如果写完一个程序完全没有任何错误，那才让人奇怪！通常程序的错误可以分为语法错误与逻辑错误两种。

语法错误是指设计者未按照 C 的语法与格式编写，造成编译器编译时所产生的错误。例如，图 1-18 中 C 指令的英文字母必须区分大小写，这里 printf 函数名称被误打为 PRINTF。我们可以发现 Dev-C++ 编译时会自动检测错误，并在下方显示出错误信息，这样我们便可以清楚地知道错误的语法，只要加以改正，再重新编译即可。

如果是程序逻辑上的错误，那么在编译时可以正常通过编译，但运行时却无法得到预期的结果。这种错误类型 Dev-C++ 并没有办法直接告诉我们错误在哪里，因为我们所编写的程序代码完全符合 C 的语法规定，只是程序中的逻辑错误，通常必须对程序代码逐行进行确认，抽丝剥茧地找出问题所在。

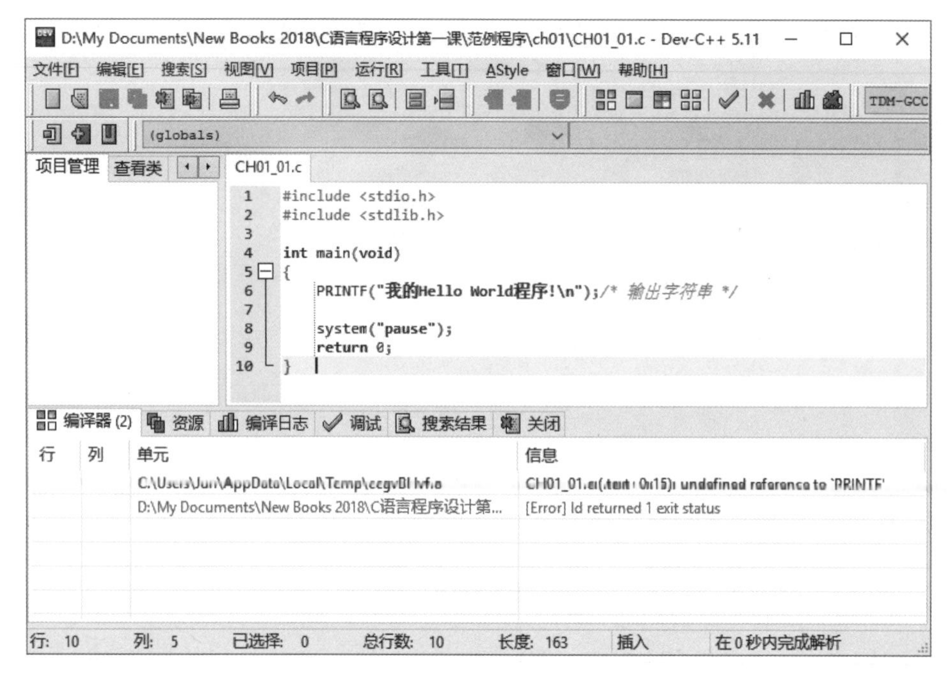

图 1-18

1.5 程序代码快速解析

由于 C 的指令编写采用自由格式（free format），也就是只要不违背基本语法规则，可以自由安排程序代码的位置，每一行语句（statement）以“;”作为结尾与分隔。也就是说，我们可以将一条指令拆成好几行，或将好几条语句放在同一行。至于在同一行语句中，对于完整不可分割的单元称为特定字符（token），两个字符间必须以空格键、Tab 键或输入键来分隔。

相信即使完全不懂 C 的读者，只要学过任何一种程序设计语言，对于范例程序 Ch01_01.c 应该也大概猜出它的用途了，它只是打印输出“我的 Hello World 程序 !”这行文字。接下来我们将简单说明 Ch01_01.c 范例程序中 C 相关的指令与结构：

```
01 #include <stdio.h>
02 #include <stdlib.h>
03
04 int main(void)
```

```
05 {
06     printf("我的Hello World程序!\n");/* 输出字符串 */
07
08     return 0;
09 }
```

1.5.1 头文件与 #include 指令

C 语言的一个重要特色就是内建了许多标准函数库（function library）供程序设计者使用，这些函数的定义、数据接口声明被分门别类地存储于扩展名为“.h”的不同内建头文件（header files）中。表 1-1 列出了常见的 C 内建头文件，以供大家参考。

表 1-1

头文件	说明
<math.h>	包含数学运算函数
<stdio.h>	包含标准输入输出函数
<stdlib.h>	标准函数库，包含各类基本函数
<string.h>	包含字符串处理函数
<time.h>	包含时间、日期的处理函数

“#include”指令的作用就是告诉编译器要加入哪些 C 中所定义的头文件或指令。在 C 中，“#include”指令是一种称为预处理的指令，不需要在指令最后加上分号“;”作为结束符号。当使用 C 所提供的内建头文件时，还必须用 <> 将其括住。如果我们使用的是自定义的头文件，就必须换成以“" "”符号将其括住：

```
方式 1：#include <内建头文件名称>
方式 2：#include "自定义头文件名称"
```

在第 1 行中的 #include <stdio.h>，其功能就是把在 C 中的标准输入输出函数的 stdio.h 文件包含进来。stdio 文件是英文“standard input/output”的缩写，包含了 C 中定义的标准输入输出函数。printf() 函数就是其中一种输出函数，而本身的格式则定义在 stdio.h 文件中，因此必须把 stdio.h 文件包含进来。

第 2 行 #include <stdlib.h> 的作用与第 1 行相同，也就是把 <stdlib.h> 文件包含进来。stdlib 文件是英文“standard library”的缩写。

1.5.2 main() 函数

C 是一种符合模块化设计思想的语言，本身就是由各种函数组成的。函数（function）就是具有执行特定功能的指令集合，我们可以自行创建函数，或者直接使用 C 中内建的标准函数库，例如前面提过的 <stdio.h>、<stdlib.h> 都包含许多实用的内建函数。

main() 函数是 C 中一个相当特殊的函数，又称为 C 的“主函数”，任何 C 程序开始执行时，不管 main() 函数是在程序代码中的什么位置，一定会先从 main() 函数开始执行，CH01_01.c 范例中 main() 函数的本体是从第 5 行的左大括号（{）开始，到第 9 行的右大括号（}）结束。注意：在右大括号（}）之后，无须加上“;”作为结尾。

在第 4 行中，main() 函数之前的 int（integer 的缩写，在 C 中为声明整数类型的保留字）表示 main() 函数有一个整数返回值。如果在 main() 括号中使用了 void，就代表这个函数中并没有传递任何自变量，或者也可以直接以空白括号 ( ) 来表示。例如，以下两种方式都可以：

```
int main(void)
int main( )
```

1.5.3 printf() 函数与注释

第 6 行中调用了 printf() 这个 C 的内建函数。printf() 是 C 语言的主要输出函数，会将括号中引号“ ”内的字符串输出到屏幕上，其中“\n”是一种具有换行功能的控制字符，它会告诉编译器在 printf() 函数输出“Hello World 程序”之后必须换行，在屏幕上我们会看到光标移到下一行的开头。

第 6 行中“/* 输出字符串 */”是 C 的注释（comment），在 C 中，主要是以“/*”与“*/”记号来括住注释的文字，编译器不会对这些文字进行编译，注释可以出现在程序的任何位置，注释也能够跨行使用。例如：

```
/*
   输出 Hello World 程序——中间的内容编译器全部不予理会
*/
```

注释的功能不仅可以帮助其他程序设计人员了解内容，让程序更具有可读性，在日后进行程序维护与修订时，也能够节省不少时间成本。

注意 关于 system("pause") 指令

在 Dev-C++ 中，当程序执行完毕时，会直接关闭“命令提示符”窗口，界面会如闪电般一闪即逝，根本看不清执行的结果是什么。这时可以在“return 0;”语句前加上 system("pause"); 语句。system() 函数是 C 的一种内建函数，会调用系统参数 pause 让程序执行到此先暂停，以便观察输出的结果，并在屏幕界面上输出“请按任意键继续…”的字符串，当我们按下任意键后，程序便会继续往下执行。

1.5.4 return 语句

第 9 行 return 语句的用途是如果函数具有返回值，就必须在函数定义中使用 return 语句来返回对应函数的整数值，例如第 4 行的 main() 函数指名返回值的类型是 int。习惯上我们是以返回 0 来表示程序顺利执行，并且将控制权还给操作系统，如果是返回其他整数值，就可能表示程序出了其他状况。

1.6 综合范例程序

从本章的说明中，大家应该了解了 C 语言的发展情况、特色以及如何开始设计一个简单的 C 程序。下面设计一个 C 程序，输出以下三位学生的学籍资料：

```
周大源 003001 高一（1）班
```

```
陈明华  003041  高一（2）班
王程志  002145  高二（3）班
```

学生学籍信息的输出程序

【范例程序：CH01_02.c】

```
01 #include <stdio.h>
02 #include <stdlib.h>
03
04 int main(void)
05 {
06    printf("周大源 003001 高一（1）班\n");/* 调用printf() 函数 */
07    printf("陈明华  003041  高一（2）班\n");/*  \n换行  */
08    printf("王程志  002145  高二（3）班\n");
09
10    return 0;
11 }
```

执行结果（参考图 1-19）

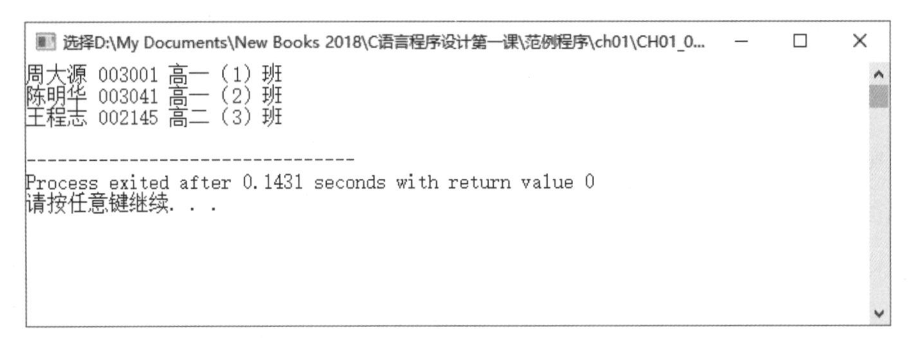

```
周大源 003001 高一（1）班
陈明华 003041 高一（2）班
王程志 002145 高二（3）班

--------------------------------
Process exited after 0.1431 seconds with return value 0
请按任意键继续. . .
```

图 1-19

本章重点回顾

- 机器语言（Machine Language）是最早期的程序设计语言，任何程序在执行前都必须被转换为机器语言，由 1 和 0 两种符号构成。
- 汇编语言与机器语言一样被归类为低级语言。
- C 的程序代码中允许开发者加入低级汇编程序，使得 C 程序更能够直接控制与存取硬件系统。

- 从程序设计语言转换的方式来看，可以分为编译型语言与解释型语言两种。
- C 语言具备了相当强的可移植性（portability），就好比硬件的兼容性（compatibility），也就是说使用 ANSI C 函数库所编写的程序，只要程序代码稍作修改就能立刻搬到其他操作系统上执行。
- 集成开发环境（Integrated Development Environment，IDE）将程序的编辑、编译、运行与调试等功能集成到同一个操作环境中。
- C 程序代码的编写采用自由格式（free format），也就是只要不违背基本语法规则，可以自由安排程序代码的位置，每一行语句（statement）以“;”作为结尾与分隔。
- C 语言的一个重要特色就是内建了许多标准函数库（function library）供程序设计者使用，这些函数被分门别类地存储到扩展名为“.h”的不同内建头文件（header file）中。
- C 是一种符合模块化（module）设计思想的语言，本身由各种函数所组成。
- main() 函数是 C 中一个相当特殊的函数，又称为 C 的“主函数”。任何 C 程序开始执行时，不管 main() 函数处在程序代码中的什么位置，都一定会先从 main() 函数开始执行。

课后习题

填空题

1. 使用 ________ 能以更结构化、更容易理解的方法来编写程序代码。

2. ________ 使用连续的“1”与“0”来与计算机沟通。

3. C 语言是一种为了开发 ________ 操作平台所研发出来的高效率且移植性高的程序设计语言。

4. C 是一种符合 ________ 思想的程序设计语言，本身由各种函数组成。

5. ________ 指令的作用就是告诉编译器要加入哪些 C 中所定义的头文件或指令。

6. 高级语言所编写的程序代码，必须通过 ______ 或 _______ 翻译成计算机所认得的机器语言后，才可以被加载到计算机中执行。

问答与实践题

1. 美国国家标准协会（ANSI）为何要制定一个标准化的 C 语言？

2. 什么是“集成开发环境”（Integrated Development Environment，IDE）？

3. 比较编译器与解释器的差异。

4. 简述程序设计语言发展演进过程的分类。

5. 下面的语句是否为一条合法的语句？

```
printf("C程序初步体验 !!\n"); system("pause")
; return 0;
```

6. 说明 main() 函数的功能。

7. 如何在程序代码中使用标准链接库所提供的函数？

8. 为什么 C 也称为中级语言？

第 2 章

C 语言的数据处理

本章重点

1. 变量与常数的声明
2. sizeof 运算符
3. 基本数据类型
4. 转义序列
5. 格式化输入与输出功能
6. 格式化字符的高级设置

从本章开始，就要正式展开C的学习之旅了！C语言中最基本的数据处理对象就是常数与变量，当程序执行时，外界的数据进入计算机后，当然要有个“栖身”之所，这时系统就会给这份数据分配一个内存空间。在程序代码中，我们所定义的变量（variable）与常数（constant）主要的用途就是存储数据，以用于程序中的各种计算与处理。

变量或常数都是程序设计人员用来存取内存中数据内容的一个识别名称，两者之间最大的差别在于变量的值可以改变，常数的值固定不变。我们可以把计算机的主存储器想象成一座豪华旅馆，旅馆的房间有不同的等级，就像是属于不同的数据类型一样，较贵的等级价格自然高，不过房间也较大，就像是有些数据类型所占的字节较多。

2.1 变量

变量是程序设计语言中不可或缺的部分，是由编译器所分配的一块具有名称的内存，用来存储可变动的数据内容，我们把这些数据记录在内存的某个地址中，并给它一个名称。由于内存的容量是有限的，不同类型的数据需要不同类型的变量来存储，当程序需要存取某个内存内容时，就可通过变量将数据从内存中取出或将数据写入内存。

2.1.1 变量声明

在C语言中，所有的变量一定要经过声明才能够使用。当我们进行变量声明时，必须先声明一个对应的数据类型（data type），并会在内存中保留一块区域供其使用，因此不同数据类型的变量，所使用的内存空间大小以及可表示的数据范围自然不同。例如声明为整数类型（int）的变量，会占用4个字节的空间。C的正确变量声明方式是由数据类型加上变量名称与分号所构成，第一种变量声明方式是先声明变量，再赋予初始值，第二种变量的声明方式是声明变量的同时设置初始值，以下是两种声明语法：

```
数据类型 变量名称1, 变量名称2, …… , 变量名称n;
```

```
变量名称1=初始值1;
变量名称2=初始值2;
…
变量名称n=初始值n;   /* 第一种变量声明方式 */
或
数据类型 变量名称1=初始值1, 变量名称2=初始值2,…,变量名称n=初始值n;

/* 第二种变量声明方式 */
```

变量声明的示范

【范例程序：CH02_01.c】

下面的范例程序使用6个变量来示范说明两种不同的变量声明方式。

```
01    #include <stdio.h>
02    #include <stdlib.h>
03
04    int main(void)
05    {
06
07      int a,b,c;
08
09      a=1;
10      b=2;
11      c=3; /* 第一种变量声明方式 */
12
13      int d=4,e=5,f=6; /* 第二种变量声明方式 */
14
15      printf("%d %d %d\n",a,b,c);
16      printf("%d %d %d\n",d,e,f);
17
18      return 0;
19    }
```

执行结果 （参考图 2-1）

```
D:\My Documents\New Books 2018\C语言程序设计第一课\范例程序\ch02\CH02_01.exe
1 2 3
4 5 6

--------------------------------
Process exited after 0.107 seconds with return value 0
请按任意键继续. . .
```

图 2-1

程序说明

- 第 7~11 行：以第一种变量声明方式声明了 a、b、c 三个变量，并分别为它们设置初始值。
- 第 13 行：以第二种变量声明方式声明了 d、e、f 三个变量，并在同一行中使用逗号“,”来同时声明相同数据类型的多个变量，并为各个变量设置初始值（也可以不设置）。
- 第 15~16 行：使用 printf() 函数输出 a、b、c、d、e、f 共 6 个变量的值，其中也使用到了”%d”格式码，其作用是以十进制整数格式来输出相对应的变量值。

通常为了养成良好的编程习惯，变量声明最好是放在程序区块的开头，也就是紧接在”{“符号后（如 main 函数或其他函数）之后的位置。至于变量的初始化，最好是在变量一开始声明时就设置好它的内容，否则容易出现一些不可预期的情况。

接下来我们再以另一个范例来说明，例如声明两个整数类型（int）变量 num1、num2：

```
int num1=30;
int num2=77;
```

这时 C 会分别自动分配 4 个字节内存给变量 num1 和 num2，num1 的存储值为 30，而 num2 的存储值为 77。当程序运行时需要存取这块内存时，就可直接使用变量名称 num1 与 num2，如图 2-2 所示。

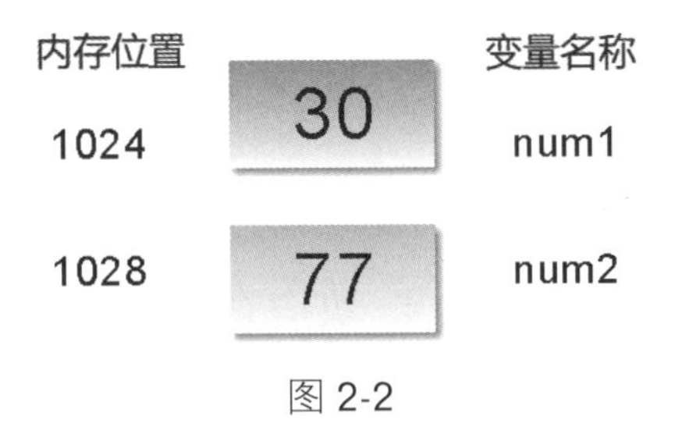

图 2-2

2.1.2 变量的命名规则

在 C 的程序代码中我们所看到的名称通常不是标识符（identifier）就是关键字（keyword）。标识符包括了变量、常数、函数、结构、联合、函数、枚举等代号，是由英文大小写字母、数字或下划线组合而成。例如，在 CH02_01.c 范例中 a、b、c、d、e、f 都是用户自定义的变量标识符，printf 与 system 则是标准函数库所提供的函数标识符。

虽然变量名称只要符合 C 的命名规则都可自行定义，但是为了程序的可读性，命名最好还是能够代表变量本身的含义，例如总和取名为“sum”，薪资取名为“salary”。

关键字（或称为保留字）是编译器本身所使用的标识符，我们绝对不能更改或重复定义它们，因此自行定义的函数或变量的名称都不能与关键字相同，例如 CH02_01.c 范例中的 int、void、return 都是关键字。

在 ANSI C 中共定义有表 2-1 所示的 32 个关键字，在 Dev C++ 会以粗黑体字来显示关键字。

表 2-1

关键字	关键字	关键字	关键字
auto	break	case	char
const	continue	default	do
double	else	enum	extern
float	for	goto	if
int	long	register	return
short	signed	sizeof	static
struct	switch	typedef	union
unsigned	void	volatile	while

2.1.3 sizeof 运算符

当我们在程序中声明变量时，编译器会按照这个变量数据类型所占的字节数（或比特数）给这个变量分配一块内存空间。例如，声明整数类型的变量 my_variable 如下：

```
int my_variable ;
```

以上 my_variable 的声明方式，我们可以想象是到餐厅订位，首先预定 my_variable 的位置，并保留 4 个字节的整数空间，但是在这个地址上不确定初始值是多少，只是先把它保留下来而已。一旦 my_variable 变量设置初始值，就会放入这 4 个字节的整数空间，如图 2-3 所示。

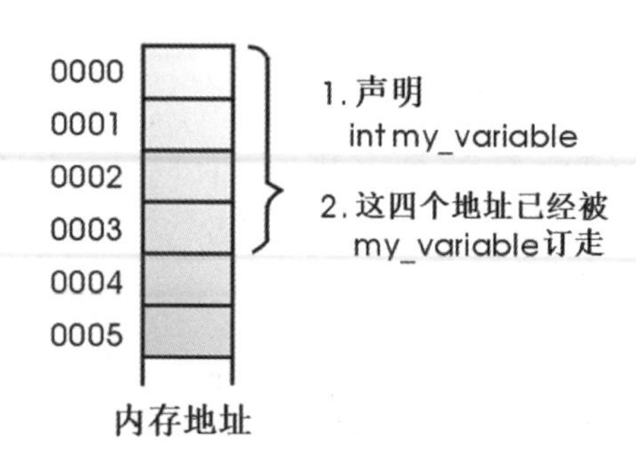

图 2-3

如果我们想知道某个变量或某种数据类型到底占用了几个字节，可以使用 C 中的关键字 sizeof 运算符来查询，下面语法可以查询变量或常数占用多少字节：

```
sizeof 变量名称 ;
sizeof(变量名称);
```

不过，如果是查询数据类型占用了几个字节，那么数据类型就必须放在括号内，采用如下语法：

```
sizeof(数据类型名称);
```

sizeof 运算符的应用

【范例程序：CH02_02.c】

下面的范例程序示范如何使用 sizeof 运算符来查询与输出整数变量 my_variable 与 int 类型所占用的字节数。

```
01 #include<stdio.h>
02 #include<stdlib.h>
03
04 int main(void)
05 {
06     int my_variable=100; /* 声明 my_variable 为整数类型 */
07
08     printf("my_variable 的数据长度 =%d 字节 \n",sizeof my_
       variable);
09                              /* 可以不加括号 */
10     printf( "整数类型的数据长度 = %d 字节 \n",sizeof(int));
11                              /* 必须加上括号 */
12
13    system("pause");
14    return 0;
15 }
```

执行结果（参考图 2-4）

```
D:\My Documents\New Books 2018\C语言程序设计第一课\范例程序\ch02\CH02_02.exe
my_variable的数据长度 = 4字节
整数类型的数据长度 = 4字节

--------------------------------
Process exited after 0.03568 seconds with return value 0
请按任意键继续. . .
```

图 2-4

程序说明

- 第 6 行：声明 my_variable 为整数类型，并设置其初始值为 100。
- 第 8 行：使用 sizeof运算符以不加括号的方式输出 my_variable 的数据长度。

- 第 10 行：使用 sizeof 运算符以加上括号的方式输出整数类型（int）的数据长度。

2.1.4 常数

C 语言的常数是一个固定的值，在程序执行的整个过程中不能改变其值。例如，整数常数 45、-36、10005、0，或者浮点数常数 0.56、-0.003、3.14159 等，都算是一种字面常数（Literal Constant），如果是字符，还必须以单引号“''”引住，如 'a'、'c'，也是一种字面常数。下面的 num 是一种变量，150 则是一种字面常数：

```
int num;
num=num+150;
```

常数在 C 语言中也可以如同变量声明一样，通过定义的语句，把某些名称赋予固定的数值，简单来说，也就是使用一个标识符来表示，不过在整个程序执行时，无法改变其值，我们称之为“符号常数”（Symbolic Constant），符号常数可以放在程序内的任何地方，但是一定要先声明定义后才能使用。

C 语言中有两种方式来定义常数，标识符的命名规则与变量相同，习惯上会以大写英文字母来定义常数的名称，这样不仅可以增加程序的可读性，对于程序的调试与维护也有帮助。我们可以使用保留字 const 和宏指令中的 #define 指令来声明自定义常数，声明语法如下：

```
方式 1:    const 数据类型 常数名称 = 常数值 ;
方式 2:    #define 常数名称 常数值
```

注意 什么是宏

所谓宏（macro），又称为“替代指令”，主要功能是以简单的名称取代某些特定常数、字符串或函数，善用宏可以节省不少程序开发的时间。由于 #define 是宏指令，并不是赋值语句，因此不用加上“=”与“;”。

以下两种方式都可以在程序中定义常数：

```
const  int radius=10;
#define  PI  3.14159
```

注意 const 与 #define

这两种方式定义的不同点在于：使用 #define 来定义常数，这个 PI 常数会在程序编译之前先将程序中所有 PI 出现的部分都替换成 3.14159，而使用 const 声明方式，当程序代码执行到 radius 标识符时才会替换成 10。

计算圆面积

【范例程序：CH02_03.c】

下面的范例程序用于示范如何使用宏指令 #define 与 const 关键字来定义与使用“常数”来计算圆面积。

```
01 #include<stdio.h>
02 #include<stdlib.h>
03
04 #define PI 3.14159   /* 以宏指令 #define 声明 PI 为 3.14159*/
05
06 int main()
07 {
08
09     const int radius =10 ; /*const 声明与设置圆半径常数 */
10
11    printf("圆的半径为 =%d ，面积为 =%f \n",radius,
      radius*radius*PI);
12           /* 输出圆半径与计算圆面积 */
13
14    return 0;
15 }
```

执行结果 （参考图 2-5）

```
D:\My Documents\New Books 2018\C语言程序设计第一课\范例程序\ch02\CH02_03.exe
圆的半径为=10 ，面积为=314.159000

--------------------------------
Process exited after 0.1209 seconds with return value 0
请按任意键继续. . .
```

图 2-5

程序说明

- 第 4 行：以宏指令 #define 声明 PI 为 3.14159。
- 第 9 行：以 const 关键字声明与设置圆半径常数 radius。
- 第 11 行：使用 printf() 函数输出常数 radius 的值并直接使用 PI 与 radius 来计算圆面积值，其中使用到了 "%f" 格式码，表示以浮点数格式来输出相对应的变量值。

2.2 基本数据类型

程序在执行过程中需要运算与存储许多的数据，不同数据会使用不同大小的空间来存储，因此有了数据类型（Data type）的规范。在 C 语言中，当变量或常数声明时，也必须先指定数据类型。在 C 中有整数、浮点数及字符三种基本数据类型，分别介绍如下。

2.2.1 整数类型

整数类型用来存储不含小数点的数据，与数学上的意义相同，如 -1、-2、-100、0、1、2、100 等。在 Dev C++ 中声明为 int 的变量占了 4 个字节。

如果根据其是否带有正负符号来划分，可以分为“有符号整数”(signed)和“无符号整数”（unsigned）两种；还可以根据数据所占空间大小来区分，有“短整数”（short）、“整数”（int）及“长整数”（long）三种类型。

表 2-2 列出了 C 中各种整数类型的声明、长度及数值的大小范围。我们可以发现，当 int 类型前加上 unsigned 修饰词，表示该变量只能存储正整数的数据，就是无符号整数，例如公司的员工人数，那么数据长度就可以节省一位（bit，比特），因此数值范围能够表示更多的正整数。

表 2-2

数据类型	长度/字节，Byte	数值表示范围	补充说明
signed short int	2	-32 768～32 767	可省略int，简写为short
signed int	4	-2 147 483 648～2 147 483 647	可简写为int
signed long int	4	-2 147 483 648～2 147 483 647	可省略int，简写为long
unsigned short int	2	0～65 535	可省略int，简写为unsigned short
unsigned int	4	0～4 294 967 295	可简写为unsigned
unsigned long int	4	0～4 294 967 295	可省略int，简写为unsigned long

注意 如何控制内存容量

对于一个好的程序设计人员而言，应该学习控制程序执行时所占有的内存容量，例如有些变量的数据值很小，声明为 int 类型要占用 4 个字节，但是加上 short 修饰词就缩小到只要 2 个字节，当然就能节省内存。

此外，英文字母“U”“u”与“L”“l”可直接放在整数字面常数后，标示其为无符号整数（unsigned）和长整数（long）数据类型：

```
long int no=1234UL;
/* 声明 no 为长整数，并设置为无符号长整数 1234UL */
```

在以上的声明中 int 可以省略，直接写成：

```
long no=1234UL;
```

整数修饰词综合范例

【范例程序：CH02_04.c】

下面的范例程序分别使用不同整数修饰词来声明变量，并使用 sizeof 运算字来显示这些整数变量的长度与输出结果。

```
01 #include<stdio.h>
02 #include <stdlib.h>
03
04 int main()
05 {
06
07
08      long int no1=123456UL;/* 声明长整数 */
09      unsigned short no2=9786;/* 声明无符号短整数 */
10      int no3=5678; /* 声明整数 */
11
12     /* 输出各种整数变量与所占字节 */
13      printf("长整数为 : %d  占了 %d 字节\n",no1,sizeof no1);
14      printf("无符号短整数为 : %d  占了 %d 字节\n",no2,
        sizeof no2);
15      printf("整数为 : %d  占了 %d 字节\n",no3,sizeof no3);
16
17     system("pause");
18      return 0;
19 }
```

执行结果（参考图 2-6）

```
D:\My Documents\New Books 2018\C语言程序设计第一课\范例程序\ch02\CH02_04.exe
长整数为: 123456  占了 4 字节
无符号短整数为: 9786  占了 2 字节
整数为: 5678  占了 4 字节

--------------------------------
Process exited after 0.1083 seconds with return value 0
请按任意键继续. . .
```

图 2-6

程序说明

- 第 8 行：声明 no1 为长整数，并设置初始值。
- 第 9 行：声明 no2 为无符号短整数，并设置初始值。
- 第 10 行：声明 no3 为整数，并设置初始值。
- 第 13~15 行：使用 printf() 函数与 sizeof 运算符输出 no1、no2 与 no3 的值以及占有多少字节。

溢出输出效应

【范例程序：CH02_05.c】

整数的修饰词能够限制整数变量的数值范围，如果设置初始值时不小心超过了限定的范围，就称为溢出。下面的范例程序将分别设置两个变量 s1（无符号短整数）、s2（短整数），并请大家观察当发生溢出后 s1 与 s2 的最后输出结果。

```
01 #include <stdio.h>
02 #include <stdlib.h>
03
04 int main()
05 {
```

```
06
07      unsigned short int s1=-1;/* 超过无符号短整数的下限值 */
08      short int s2=32768;   /* 超过短整数的上限值 */
09
10
11     printf("s1=%d\n",s1);
12     printf("s2=%d\n",s2);
13
14     return 0;
15 }
```

执行结果（参考图 2-7）

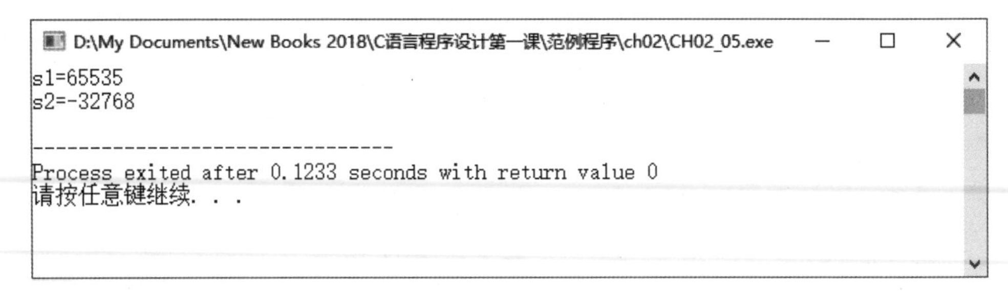
```
D:\My Documents\New Books 2018\C语言程序设计第一课\范例程序\ch02\CH02_05.exe
s1=65535
s2=-32768

--------------------------------
Process exited after 0.1233 seconds with return value 0
请按任意键继续. . .
```

图 2-7

程序说明

- 第 7~8 行：分别设置 s1 与 s2 的值，并让 s1 超过无符号短整数的下限值、s2 超过短整数的上限值。
- 第 11~12 行：使用 printf() 函数输出时，发现 s1 的值为 65535，而 s2 的值为 -32768。因为对于整数溢出的处理，要看成是一种时钟般的循环概念，当比最小表示值小 1 时，则变为最大表示值，如 s1=65535。当比最大表示值大 1 时，则变为最小表示值，如 s2=-32768。

2.2.2 浮点数类型

浮点数（floating point）类型指的就是带有小数点的数字，也就是我们在数学上所指的实数，例如 4.99、387.211、0.5、3.14159 等。由于整数所能表现的范围与精确度显然不足，这时浮点数就相当有用了。在 C 中，浮点数类型分为单精度浮点数（float）与双精度浮点数（double）两种，主要差别在于可表示的数值范围大小不同，如表 2-3 所示。

表 2-3

数据类型	长度/字节，Byte	数值范围	补充说明
float	4	$1.2*10^{-38}$~$3.4*10^{+38}$	单精度浮点数，有效位数为7~8位
double	8	$2.2*10^{-308}$~$1.8*10^{+308}$	双精度浮点数，有效位数为15~16位

在C中浮点数默认的数据类型为double，因此在设置浮点字面常数（Literal Constant）时，可以在数值后面加上“f”或“F”，这样可将数值转换成单精度float类型，只需要用4字节来存储，比较节省内存，例如3.14159F、7.8f、10000.213f。下面是一般变量声明为浮点数类型的方法：

```
float 变量名称；
或
float 变量名称 = 初始值；

double 变量名称；
或
double 变量名称 = 初始值；
```

浮点数声明的例子如下：

```
float  num;  num=304.5;
或
float  num=304.5;

double num1; num1=1234.678;
或
double num1=1234.678;
```

注意 关于浮点数

无论是单精度浮点数（float）或双精度浮点数（double），当以printf() 函数输出时，所要采用的输出格式化字符可以都是“%f”。

单精度与双精度浮点数

【范例程序：CH02_06.c】

下面的范例程序简单说明了 C 中的单精度与双精度浮点数在实际存储字节的差异，字面常数 503.23 与 503.23f 两者的存储字节是有差异的，输出结果也会因为存储精确位数的关系而带来微小的误差。

```
01 #include <stdio.h>
02 #include <stdlib.h>
03
04 int main()
05 {
06
07      /* 比较浮点数字面常数后面是否加上 f 时存储字节有何不同 */
08      printf("%f = %d\n",503.23f, sizeof 503.23f);
09         printf("%f = %d\n",503.23, sizeof 503.23);
10
11     return 0;
12 }
```

执行结果（参考图 2-8）

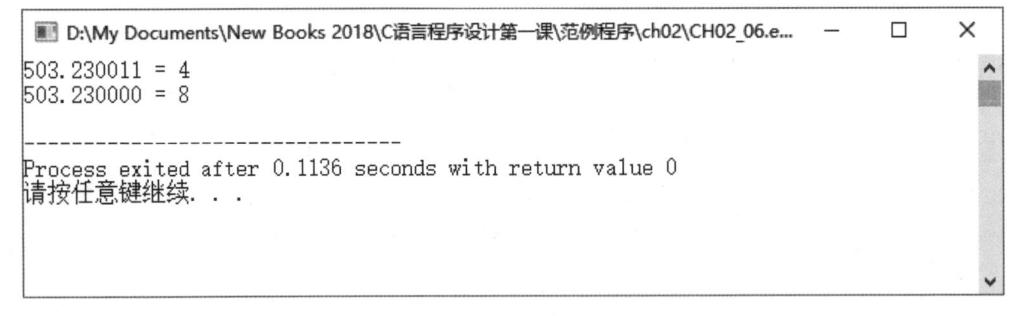

图 2-8

程序说明

- 第 8 行：使用 printf() 函数输出字面常数 503.23f 的值与 sizeof 运算符获取 503.23f 的存储字节。

- 第 9 行：使用 printf() 函数输出字面常数 503.23 的值与 sizeof 运算符获取 503.23 的存储字节。

接下来还要再补充一点，浮点数的表示方法除了一般带有小数点方式之外，还有一种是称为科学记数的指数型表示法，其中 e 或 E 是代表 C 中 10 为底数的科学记数表示法。例如 6e-2，其中 6 称为有效数字、-2 称为指数。表 2-4 为小数点表示法与科学记数表示法的互换表。

表 2-4

小数点表示法	科学记数表示法
0.06	6e-2
-543.236	-5.432360e+02
234.555	2.34555e+02
3450000	3.45E6
245.36	2.4536E2
0.07118	7.118e-2

注意 关于浮点数 II

当以 printf() 函数输出科学记数表示法的浮点数时，所要采用的输出格式化字符是“%e”。

浮点数科学记数表示法

【范例程序：CH02_07.c】

下面的范例程序用于示范说明浮点数变量的十进制或科学记数表示法之间的互换，请大家比较输出后的结果。

```
01 #include <stdio.h>
02 #include <stdlib.h>
03
04
05 int main()
06 {
```

```
07
08      float f1=0.0654321;       /* 浮点数表示法声明 */
09      float f2=1.531e-3;        /* 科学记数表示法声明 */
10
11     printf("f1= %e\n",f1);/* 浮点数以科学记数表示法输出 */
12     printf("f2= %f\n",f2);/* 科学记数表示法以浮点数表示法输出 */
13
14     return 0;
15 }
```

执行结果（参考图 2-9）

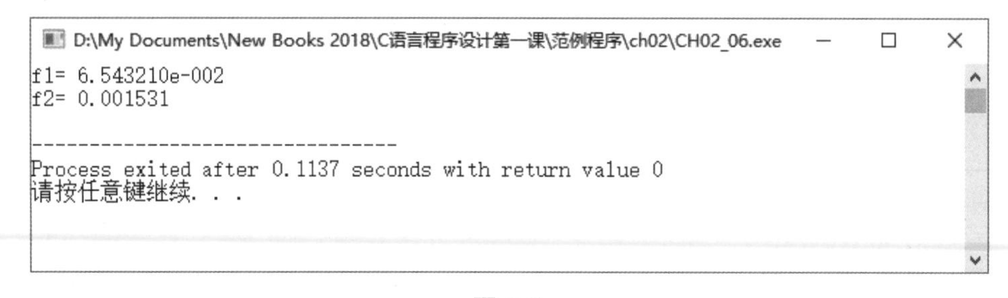

图 2-9

程序说明

- 第 8 行：浮点数变量 f1 以浮点数表示法声明初始值。
- 第 9 行：浮点数变量 f2 以科学记数表示法声明初始值。
- 第 11 行：浮点数变量 f1 科学记数表示法输出。
- 第 12 行：科学记数变量以浮点数表示法输出。

2.2.3 字符类型

字符类型（char）包含字母、数字、标点符号及控制符号等，在内存中以整数值的方式来存储，每一个字符占用 1 字节（8 位）的数据长度，所以字符 ASCII 编码的数值范围为“0 ～ 127”，例如字符“A”的数值为 65、字符“0”为 48。

注意 关于 ASCII 编码

ASCII（American Standard Code for Information Interchange）采用 8 个二进制位（8 bits）来表示不同的字符，以此制定了计算机中字符的内码，不过最左边的 1 位为校验位，故实际上仅用到 7 位。也就是说 ASCII 码最多只能表示 2^7 = 128 个不同的字符，可以表示大小英文字母、数字、符号及各种控制字符。

当程序中要加入一个字符符号时，必须使用 C 的关键字 char，然后使用单引号“'”将某个字符括起来，也可以直接使用 ASCII 码（整数值）来定义字符，以下三种方式都是结果相同的声明方式：

```
char ch;   /* 声明 ch 为字符变量 */
ch='A';    /* 将常数值 'A' 设置给字符变量 ch*/
或
char ch='A';    /* 直接声明 ch 为字符变量，并同时设置初始值为 'A'*/
或
char ch=65;    /* 直接声明 ch 为字符变量，并设置初始值为整数 65*/
```

虽然字符的 ASCII 值是数值，但是数字字符（如 '5'）和它相对应的 ASCII 码是不同的，例如 '5' 字符的 ASCII 是 53。当然也可以让字符与一般的数值来进行四则运算，只不过加上的是代表此字符的 ASCII 码的数值。对于 printf() 函数中有关字符的输出格式化字符有两种，使用 %c 可以输出字符，或使用 %d 来输出 ASCII 码的整数值。

字符声明的示范

【范例程序：CH02_08.c】

下面的范例程序是要示范两种字符变量声明方式，并对字符变量分别进行加法与减法运算，最后将结果以字符及 ASCII 码输出。

```
01 #include <stdio.h>
02 #include <stdlib.h>
03
```

```
04 int main()
05 {
06
07      char char1='a';  /* 声明字符变量与设置值为 'a' */
08      char char2=88;   /* 声明字符变量与设置值为 ASCII 码 88 */
09
10        /* 输出 char1 字符变量和它的 ASCII 码 */
11     printf("char1= %c 的 ASCII 码= %d\n",char1,char1);
12     /* 输出 char2 字符变量和它的 ASCII 码 */
13        printf("char2= %c 的 ASCII 码= %d\n",char2,char2);
14
15
16         char1=char1+10; /* 字符变量 char1 的加法运算功能 */
17     printf("char1= %c 的 ASCII 码= %d\n",char1,char1);
18      /* 输出加法运算后的字符和 ASCII 码  */
19
20
21         char2=char2-32; /* 字符变量 char2 的减法运算功能 */
22     printf("char2= %c 的 ASCII 码= %d\n",char2,char2);
23     /* 输出减法运算后的字符和 ASCII 码 */
24
25    return 0;
26
27 }
```

执行结果（参考图 2-10）

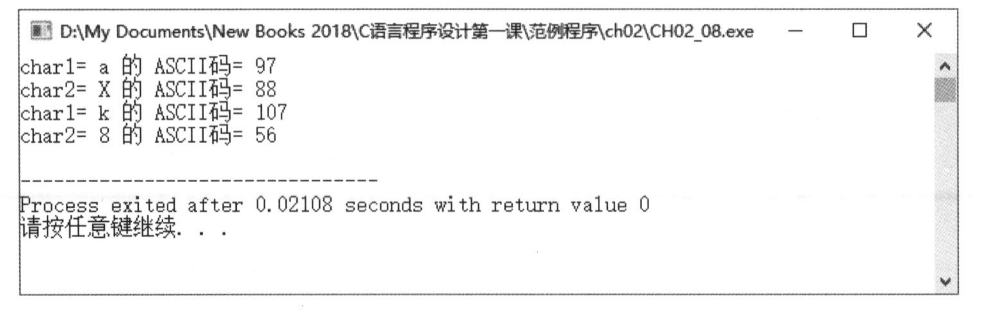

图 2-10

程序说明

- 第 7 行：声明字符变量 char1 并设置初始值为’a’。
- 第 8 行：声明字符变量 char2 并设置初始值为 ASCII 码 88。
- 第 11 行：使用 printf() 函数并用 %c、%d 格式化字符来输出 char1 字符变量和它的 ASCII 码。
- 第 13 行：使用 printf() 函数并用 %c、%d 格式化字符来输出 char2 字符变量和它的 ASCII 码。
- 第 16 行：字符变量 char1 加 10，也就是 char1 的 ASCII 码加上 10。
- 第 17 行：使用 printf() 函数并用 %c、%d 格式化字符来输出 char1 字符变量和它的 ASCII 码。
- 第 21 行：字符变量 char2 减 32，也就是 char2 的 ASCII 码减去 32。
- 第 22 行：使用 printf() 函数并用 %c、%d 格式化字符来输出 char2 字符变量和它的 ASCII 码。

注意 字符常数与字符串常数

在 C 语言中，字符常数与字符串常数是不同的。例如，'a' 是一个字符，是用单引号“'”括起来的；"a" 则是一个字符串，是用双引号“"”括起来的。两者的差别在于：字符串结束处会多安排 1 个字节的空间来存放 '\0' 字符（Null 字符），以作为每个字符串结束时的符号，在此例中也就是说字符串（"a"）比字符（'a'）多了一个 '\0' 字符。

2.2.4 转义序列

C 语言中还有一些特殊字符无法直接使用键盘来输入，这时必须在字符前加上“转义字符”（'\'），来通知编译器将反斜杠与后面的字符当成一个完整的特殊字符，并代表着另一种新功能，我们称之为转义序列（Escape Sequence）。例如，范例程序中所使用的“\n”表示换行，就是转义序列的成员之一，或者“\a”代表警告音，当系统编译到“\a”时，会使计算机发出“哔”

的一声，它也是转义序列的成员。C 语言中的常用转义序列成员及其相对应的 ASCII 码如表 2-5 所示。

表 2-5

转义字符	说明	ASCII码对应的十进制数
\0	字符串结束符（Null Character）	0
\a	警告字符，使计算机发出“哔”的一声（alarm）	7
\b	退格符（backspace），倒退一格	8
\t	水平制表符（horizontal Tab）	9
\n	换行符（new line）	10
\v	垂直制表符（vertical Tab）	11
\f	换页符（form feed）	12
\r	回车符（carriage return）	13
\”	显示双引号（double quote）	34
\’	显示单引号（single quote）	39
\\	显示反斜杠（backslash）	92

转义字符的简单应用

【范例程序：CH02_09.c】

下面的范例程序将转义序列“'\a'”设置给 c1 字符变量，将“'\a'”的 ASCII 码设置给 c1，最后在屏幕上输出两个字符变量时会发出“哔哔”两声。

```
01 #include <stdio.h>
02 #include <stdlib.h>
03
04 int main(void)
05 {
06
07      char c1='\a'; /* 直接设置初始值为 '\a' */
08      char c2=7;     /* 设置 '\a' 的 ASCII 码作为初始值 */
09
10      printf("%c%c\n",c1,c2); /* 输出两个 "哔哔" 声 */
11
12     return 0;
13 }
```

执行结果（参考图 2-11）

```
D:\My Documents\New Books 2018\C语言程序设计第一课\范例程序\ch02\CH02_09.exe

--------------------------------
Process exited after 0.1547 seconds with return value 0
请按任意键继续. . .
```

图 2-11

程序说明

- 第 7 行：声明字符变量 c1 并直接设置初始值为 '\a'。
- 第 8 行：声明字符变量 c2 并设置 '\a' 的 ASCII 码作为初始值。
- 第 10 行：使用 printf() 函数输出两个字符变量时，计算机会发出“哔哔”声。

2.3 格式化输入与输出功能

相信大家对 printf() 函数并不陌生，由于 C 并没有直接处理数据输入与输出的功能，因此所有相关输入 / 输出（I/O）的操作都必须通过调用函数来完成。这些标准 I/O 函数的原型声明都放在 <stdio.h> 头文件中。任何程序设计的目的其实就是将用户所输入的数据，经由计算机运算处理后，再将结果输出。在本节中我们将更深入地介绍 C 语言中最常使用的输入输出函数 printf() 与 scanf()。

2.3.1 printf() 函数

printf() 函数会将指定的文字输出到标准输出设备（如屏幕），还可以配合以 % 字符开头的格式化字符（format specifier）所组成的格式化字符串来输出指定格式的变量或数值内容。printf() 函数的原型声明如下：

```
printf(char* 格式化字符串，自变量行);
```

在 printf() 函数中的自变量行可以是变量、常数或者是表达式的组合，而每一个自变量行中的各项，只要对应到格式化字符串中以 % 字符开头的格式化字符，就可以出现如预期的输出效果，格式化字符串中有多少个格式化字符，自变量行中就该有相同数量的对应项。

不同的数据类型内容需要配合不同的格式化字符，表 2-6 为大家整理出 C 语言中最常用的格式化字符，以作为大家日后设计输出格式时的参考。

表 2-6

格式化字符	说明
%c	输出字符
%s	输出字符串数据
%ld	输出长整数
%d	输出十进制整数
%u	输出不含符号的十进制整数值
%o	输出八进制数
%x	输出十六进制数，超过10的数字以小写字母表示
%X	输出十六进制数，超过10的数字以大写字母表示
%f	输出浮点数
%e	使用科学记数表示法，例如3.14e+05
%E	使用科学记数表示法，例如3.14E+05（使用大写E）
%g、%G	输出浮点数，不过是输出%e与%f长度较短者
%p	输出指针数值，按系统位数决定输出的数值长度

注意 格式化字符

格式化字符是在控制输出格式中唯一不可省略的项，原则就是要输出什么数据类型的变量或常数，就必须搭配对应该数据类型的格式化字符。

如果我们再搭配转义字符序列，就可以让输出的效果运用得更加灵活与美观，例如“\n”（换行功能）就经常搭配在格式化字符串中使用。请看以下范例：

```
printf("一本书要 %d 元 , 大华买了 %d 本书 , 一共花了 %d 元
\n",price,no,no*price);
```

这个双引号内的“一本书要 %d 元，大华买了 %d 本书，一共花了 %d 元\n"，就是格式化字符串，里面包括了 3 个 %d 的格式化字符与一个转义字符“\n”，自变量行中则有 price、no、no*price 共 2 个变量和一个表达式。

格式化输出的示范

【范例程序：CH02_10.c】

下面的范例程序主要为大家示范说明格式化字符串和自变量行中各项的对应关系。简单来说，格式化字符串中有多少个格式化字符，自变量行中就该有相同数量对应的项。

```
01 #include <stdio.h>
02 #include <stdlib.h>
03
04 int main()
05 {
06     int no=5;
07     float price=42.5;
08
09     printf("今天是星期天，天气晴朗 .\n");
10        /* 直接输出一个字符串 */
11    printf("一本书要 %f 元 , 大华买了 %d 本书 , 一共花了 %f 元
\n",price,no,no*price);
12        /* 格式化字符与自变量行中各个项间的对应 */
13
14    return 0;
15 }
```

执行结果（参考图 2-12）

```
D:\My Documents\New Books 2018\C语言程序设计第一课\范例程序\ch02\CH02_10.exe
今天是星期天,天气晴朗.
一本书要42.500000元，大华买了5本书，一共花了212.500000元

--------------------------------
Process exited after 0.1146 seconds with return value 0
请按任意键继续. . .
```

图 2-12

程序说明

- 第 6 行：声明整数变量 no，并设置初始值为 5。
- 第 7 行：声明实数变量 price，并设置初始值为 42.5。
- 第 9 行：使用 printf() 函数直接输出一个字符串。
- 第 11 行：使用 printf() 函数与格式化字符串，将自变量行的变量与表达式的计算结果输出。

注意 百分比符号

百分比符号“%”是输出时常用的符号，不过不能直接使用，因为会与格式化字符（如 %d）相冲突，如果要显示 % 符号，就必须使用 %% 方式。例如以下程序语句：

```
printf("百分比：%3.2f\%%\n", (i/j)*100);
```

八进制数与十六进制数表示法

【范例程序：CH02_11.c】

在下面的范例程序中，将声明一个十进制整数变量 Value，并直接使用格式化字符（%o，%x 与 %X）将输出结果转为八进制数与十六进制数。

```
01 #include <stdio.h>
02 #include <stdlib.h>
```

```
03
04 int main()
05 {
06      int Value=1000;/* 声明整数变量 Value, 并设置初始值为 1000*/
07
08      printf("Value 的八进制数 =%o\n",Value);  /* 以 %o 格式化
        字符输出 */
09      printf("Value 的十六进制数 =%x\n",Value);  /* 以 %x 格式化
        字符输出 */
10      printf("Value 的十六进制数 =%X\n",Value);  /* 以 %X 格式化
        字符输出 */
11
12     return 0;
13 }
```

执行结果（参考图 2-13）

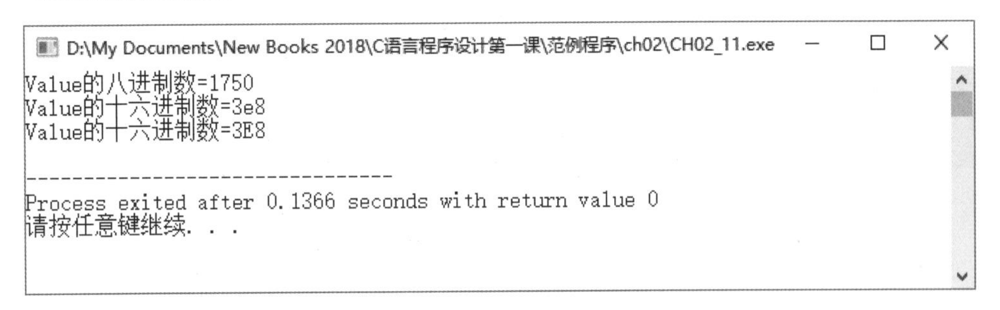
```
D:\My Documents\New Books 2018\C语言程序设计第一课\范例程序\ch02\CH02_11.exe
Value的八进制数=1750
Value的十六进制数=3e8
Value的十六进制数=3E8

--------------------------------
Process exited after 0.1366 seconds with return value 0
请按任意键继续. . .
```

图 2-13

程序说明

- 第 6 行：声明整数变量 Value，并设置初始值为 1000。
- 第 8 行：以 %o 格式化字符输出其八进制数。
- 第 9 行：以 %x 格式化字符输出其十六进制数的小写表示法。
- 第 10 行：以 %X 格式化字符输出其十六进制数的大写表示法。

2.3.2 格式化字符的高级设置

在数据输出时，通过格式化字符的标志（flag）、字段宽度（width）与

精度（precision）设置，就可以实现在屏幕上输出时对齐的结果，让数据更加整齐清楚，易于阅读：

```
%[flag] [width][.precision] 格式化字符
```

- [flag]：默认是靠右对齐，可以使用‘+’ ‘-’字符指定输出的格式。如果使用正号 (+)，靠右输出同时显示数值的正负号。如果使用负号 (-)，就靠左输出对齐。
- [width]：用来指定使用多少字符的字段宽输出文字。数据输出时，以字段宽度值为该数据的长度并靠右显示，若设置字段宽度小于数据长度，那么数据仍会按照原本长度靠左按序显示。
- [.precision]：指定打印小数位数的个数。前面需以句点“.”与 [width] 隔开。例如，%6.3f 是表示输出包括小数点在内共有 6 位数的浮点数，小数点后只显示 3 位数。

格式化字符的高级设置

【范例程序：CH02_12.c】

下面的范例程序将示范本节所介绍的格式化字符高级设置的相关功能，请大家仔细比较不同的输出结果。

```
01 #include <stdio.h>
02 #include <stdlib.h>
03
04 int main(void)
05 {
06      /* 声明整数变量 no 与浮点数变量 fno */
07      int no=523;
08      float fno=13.4567;
09
10     printf("%4d\n",no);    /* 按% 4d 格式输出 */
11     printf("%-4d\n",no);   /* 按%-4d 格式输出 */
12     printf("%6.3f\n",fno);/* 按%6.3f 格式输出 */
```

```
13
14      return 0;
15 }
```

执行结果 »（参考图 2-14）

```
D:\My Documents\New Books 2018\C语言程序设计第一课\范例程序\ch02\CH02_12.exe
 523
523
13.457

--------------------------------
Process exited after 0.134 seconds with return value 0
请按任意键继续. . .
```

图 2-14

程序说明 »

- 第 7~8 行：声明整数变量 no 与浮点数变量 fno，并分别设置初始值。
- 第 10 行：按 % 4d 格式输出。
- 第 11 行：按 %-4d 格式输出。
- 第 12 行：按 %6.3f 格式输出。

2.3.3 scanf() 函数

scanf() 函数的功能恰好与 printf() 函数相反，如果我们打算获取用户的外部输入，就可以使用 scanf() 函数。通过 scanf() 函数可以经由标准输入设备（如键盘），把用户所输入的数值、字符或字符串传送给指定的变量。scanf() 函数是 C 中最常用的输入函数，使用方法与 printf() 函数十分类似，也是定义在 stdio.h 头文件中。scanf() 函数的原型如下所示：

```
scanf(char* 格式化字符串，自变量行)；
```

scanf() 函数中的格式化字符等相关设置都和 printf() 函数极为相似，scanf() 函数中的格式化字符串中包含准备输出的字符串与对应自变量行各项的格式化字符，例如输入的数值为整数，则使用格式化字符 %d，或者输入的是其他数据类型，则必须使用相对应的格式化字符，格式化字符串中有多少个格式化字符，自变量行中就该有相同数量对应的变量。

scanf() 函数与 printf() 函数最大的不同点是：scanf() 函数必须传入变量地址作为参数，而且每个变量前一定要加上 &（取址运算符）将变量的地址传入：

```
scanf("%d%f", &N1, &N2);   /* 务必加上 & 号 */
```

在上式中分隔输入项的符号是空格符，我们在输入时，可使用空格键、【Enter】键或【Tab】键来分隔输入的数据项，不过所输入的数值类型还必须与每一个格式化字符相对应：

```
100 65.345【Enter】
或
100    【Enter】
65.345 【Enter】
```

scanf() 函数输入数据

【范例程序：CH02_13.c】

下面的范例程序使用 scanf() 函数，让用户从键盘输入两项数据，然后计算并输出这两数之和。大家务必记得在 scanf() 函数中加上“&”号，这是很多人经常会疏忽的错误。

```
01 #include <stdio.h>
02 #include <stdlib.h>
03
04 int main()
05 {
06     int no1,no2;
07
08     scanf("%d%d",&no1,&no2);/* 输入两个整数变量的值 */
09     printf("%d\n",no1+no2); /* 计算并输出两数之和 */
10
11   return 0;
12 }
```

执行结果（参考图2-15）

```
D:\My Documents\New Books 2018\C语言程序设计第一课\范例程序\ch02\CH02_13.exe
18 32
50

--------------------------------
Process exited after 3.368 seconds with return value 0
请按任意键继续. . .
```

图 2-15

程序说明

- 第6行：声明两个整数变量no1与no2。
- 第8行：要从键盘输入两个整数，所以格式化字符串中用了两个格式化字符%d，记得要加上“&”。
- 第9行：计算与输出两个整数之和。

注意 分隔输入

在我们输入时用来分隔输入的符号也可以由用户指定，例如在scanf()函数中使用逗号“,”，输入时也必须以“,”隔开各个输入数据项。请看下面的程序语句：

```
scanf( “%d,%f” , &N1, &N2);
```

输入时，必须以逗号分隔，例如：

```
100,300.999
```

2.4 综合范例程序1——成绩统计小帮手

请设计一个C程序，输入学生的学号与三科成绩，输入时请以逗号隔开每项成绩，并输出学号、各科成绩、总分与平均分。

成绩统计小帮手

【范例程序：CH02_14.c】

```
01 #include <stdio.h>
02 #include <stdlib.h>
03
04 int main(void)
05 {
06
07     int no,Chi,Eng,Math;
08     float total,ave;
09
10
11   printf("请输入学生学号：");
12   scanf("%d",&no);/* 从键盘输入学生学号 */
13
14   printf("请输入 语文 英语 数学成绩：");
15   scanf("%d,%d,%d",&Chi,&Eng,&Math);
16   /* 从键盘输入三项成绩 */
17   total=Chi+Eng+Math; /* 计算三项总分 */
18   ave=total/3;      /* 计算平均成绩 */
19   /* 划出间隔线 */
20   printf("**********************************\n");
21   printf("学号：%d\n",no);
22   printf("语文\t英语\t数学\t总分\t平均分\n");
23   printf("%d\t%d\t%d\t\%.0f\t%.1f\n",Chi,Eng,Math,
     total,ave);
24
25   return 0;
26 }
```

执行结果（参考图 2-16）

```
D:\My Documents\New Books 2018\C语言程序设计第一课\范例程序\ch02\CH02_14.exe
请输入学生学号：12
请输入 语文 英语 数学成绩：90,98,95
*********************************
学号：12
语文     英语     数学     总分     平均分
90       98       95       283      94.3

--------------------------------
Process exited after 44.03 seconds with return value 0
请按任意键继续. . .
```

图 2-16

2.5 综合范例程序 2——转义字符序列的应用

请设计一个 C 程序，使用转义字符序列在屏幕上会显示带有双引号的”科技类图书”字样，并且发出“哔”的一声。

转义字符序列的应用

【范例程序：CH02_15.c】

```
01 #include<stdio.h>
02 #include <stdlib.h>
03
04 int main()
05 {
06     /* 声明字符变量 */
07     char ch=34;/*ch 设置为双引号的 ASCII 码 */
08
09     /*  输出带有双引号的字符串  */
10     printf("%c 科技类图书 %c\n",ch,ch);  /* 双引号的应用 */
11     printf("%c",'\a');
12    printf("\n");
13
14    return 0;
15 }
```

执行结果 （参考图 2-17）

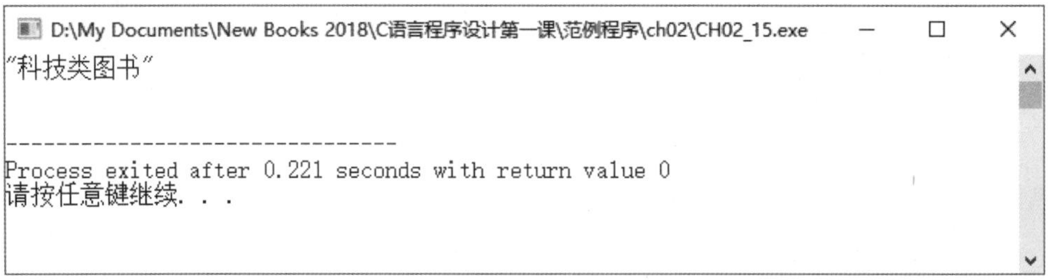

```
D:\My Documents\New Books 2018\C语言程序设计第一课\范例程序\ch02\CH02_15.exe
"科技类图书"


--------------------------------
Process exited after 0.221 seconds with return value 0
请按任意键继续. . .
```

图 2-17

本章重点回顾

- 变量或常数两者之间最大的差别在于：变量的值是可以改变的，而常数的值则是固定不变的。
- 变量声明时，必须先声明一个对应的数据类型（data type）。
- 如果我们想知道某个变量或某种数据类型到底占用了几个字节，可以使用 C 中的关键字 sizeof 运算符来查询。
- C 语言中有两种方式来定义常数，可以使用保留字 const 和使用宏指令中的 #define 指令来声明自定义常数。
- 在 C 语言中共有整数、浮点数及字符三种基本数据类型。
- 根据整数是否带有正负符号来划分，可以分为“有符号整数”（signed）和“无符号整数”（unsigned）两种；也可以根据数据所占内存空间的大小来划分，分为“短整数”（short）、“整数”（int）和“长整数”（long）三种类型。
- 浮点数（floating point）类型指的就是带有小数点的数字，分为单精度浮点数（float）与双精度浮点数（double）两种。
- 浮点数的表示方法除了一般带有小数点的方式之外，还有一种是称为科学记数的指数型表示法。
- 字符类型（char）包含字母、数字、标点符号及控制符号等，在内存中是以整数数值的方式来存储的，每一个字符占用 1 个字节（8 个二进制位）的数据长度，所以字符 ASCII 编码的数值范围为“0 ～ 127”。
- 在C语言中，字符常数与字符串常数是不同的。例如，'a' 是一个字符，用单引号“'”引起来；"a" 是一个字符串，用双引号“"”引起来。

- C 并没有直接处理数据输入与输出的能力，所有相关输入 / 输出（I/O）的操作都必须经由调用函数来完成。
- printf() 函数会将指定的文字输出到标准输出设备（如屏幕），还可以配合以 % 字符开头的格式化字符（format specifier）所组成的格式化字符串来输出指定格式的变量或数值内容。
- 在数据输出时，通过格式化字符的标志（flag）、字段宽度（width）与精度（precision）设置，就可以实现在屏幕上对齐输出的结果，让数据更加整齐、清楚、易于阅读。
- 通过 scanf() 函数可以经由标准输入设备（如键盘）把用户所输入的数值、字符或字符串传送给指定的变量。

课后习题

填空题

1. C 的浮点数又分为________浮点数和_________浮点数。

2. 正确的变量声明是由变量的______加上________与_______所构成的。

3. 当想在程序中加入一个字符符号时，必须用_______将数据引起来。

4. 写出表 2-7 中所列出的转义字符的功能。

表2-7

转义字符	功能
\n	
\t	
\\	
\”	

5. 如果想知道某个变量或某种数据类型到底占用了几个字节，可以使用 C 语言中的________运算符来查询。

6. ________是在控制输出格式中唯一不可省略的项。

问答与实践题

1. 什么是变量，什么是常数？

2. 试简述变量命名必须遵守哪些规则。

3. 当使用 #define 来定义常数时，程序会在编译前先进行哪些操作？

4. 简述宏（macro）的功能。

5. 说明以下转义字符的含义：

(a) '\t'

(b) '\n'

(c) '\"'

(d) '\''

(e) '\\'

6. 字符数据类型在输入输出上有哪两种选择？

7. 写出以下 C 程序代码的输出结果：

```
printf("%o\n",100);
printf("%x\n",100);
```

8. 如何在指定浮点常数值时将数值转换成 float 类型？

9. 以下是 C 程序代码片断，包含了 scanf() 函数：

```
int a,b;
scanf("%d,%d",&a,&b);
printf("%d %d %d\n",a,b,c);
```

请问当输入数据时，能否以下面的方式输入？试说明原因。

```
87 65
```

10. 以下程序代码的输出结果是什么？

```
printf("\"\\n 是一种换行符 \"\n");
```

第3章

活用表达式与运算符

本章重点

1. 赋值运算符
2. 算术运算符
3. 关系运算符
4. 逻辑运算符
5. 递增与递减运算符
6. 位运算符
7. 复合赋值运算符
8. 条件运算符
9. 运算符的优先级
10. 类型转换

无论怎样复杂的程序，目的都是用来帮助我们从事各种运算的工作，而这些过程都必须依赖一道道的表达式来加以完成。表达式就像平常所用的数学公式一样，例如3+5、3/5*2-10、2-8+3/*9等，这些都可以算是表达式的一种。表达式是由运算符（operator）与操作数（operand）所组成的。在C语言中，操作数包括了常数、变量、函数调用或其他表达式，而运算符的种类相当多，有赋值运算符、算术运算符、比较运算符、逻辑运算符等。例如以下为C的一个表达式：

```
x=300*5*y-a+0.7*3*c;
```

其中，=、+、* 及 / 符号称为运算符，而变量 y、x、c 及常数 300、3 都属于操作数。

3.1 运算符的简介

精确快速的计算能力称得上是计算机最重要的能力之一，表达式组成了各种快速计算的成果，而运算符就是种种运算舞台上的演员。C语言的运算符种类相当多，有赋值运算符、算术运算符、关系运算符、逻辑运算符、递增与递减运算符，以及位运算符等，请看本节的详细说明。

3.1.1 赋值运算符

赋值运算符就是指“=”符号，赋值运算符（=）会将它右侧的值赋给左侧的变量。在赋值运算符（=）右侧可以是常数、变量或表达式，最终都将会赋值给左侧的变量；而运算符的左侧也只能是变量，不能是数值、函数或表达式等。以下是赋值运算符的使用方式：

```
变量名称 = 要赋的值 或 表达式;
```

例如，表达式 X-Y=Z 就是不合法的。赋值运算符除了一次把一个数值赋给变量外，还能够同时把同一个数值赋值给多个变量。例如：

```
int a,b,c,d,e;
```

```
d=34;   /* 一次赋值一个数值 */
e=19;   /* 一次赋值一个数值 */
a=b=c=120;/* 把一个值同时赋值给不同变量，变量 a、b 及 c 的内容值都是 120*/
```


注意　“=”赋值运算符

初学者很容易将赋值运算符“=”的作用和数学上的“等于”功能互相混淆，在程序设计语言中的“=”主要是赋值的功能，我们可以想象成当声明变量时会先在内存上分配一个地址，等到使用赋值运算符“=”时把数值赋给该变量，例如 a=5; a=a+1; 可以看成是将 a 变量地址中的原数据值加 1 后的结果再重新赋给 a 的地址，最后结果是 a=6。

3.1.2 算术运算符

算术运算符（Arithmetic Operator）是最常用的运算符类型，主要包含数学运算中的四则运算，以及递增、递减、正/负数等运算符。算术运算符的符号、名称与使用语法如表 3-1 所示。

表 3-1

运算符	说明	使用语法	运行结果(A=35,B=7)
+	加	A + B	35+7=42
-	减	A - B	35-7=28
*	乘	A * B	35*7=245
/	除	A / B	35/7=5
%	求余数	A % B	35%7=0
+	正号	+A	+35
-	负号	-B	-7

+-*/ 运算符与我们常用的数学运算方法相同，而正负号运算符主要表示操作数的正/负值，通常设置常数为正数时可以省略+号，例如“a=5”与“a=+5”的意义是相同的。负号的作用除了表示常数为负数外，也可以使得原来为负数的数值变成正数。求余数运算符“%”则是计算两个操作数相除后的余数，而且这两个操作数必须为整数、短整数或长整数类型。例如：

```
int a=29,b=8;
printf("%d",a%b);   /* 运行结果为 5*/
```

查询百位数

【范例程序：CH03_01.c】

下面的范例程序示范说明求余数运算符。将一个整数变量使用求余数运算符（%）所写成的表达式来输出其百位数的数字。例如，4976 则输出 9。

```
01 #include <stdio.h>
02 #include <stdlib.h>
03
04 int main(void)
05 {
06
07     int num,hundred;/* 声明两个整数变量 */
08     printf("请输入任意一个整数:");
09     scanf("%d",&num);/* 任意输入一个整数 */
10
11    hundred=(num/100)%10;/* 求与 10 相除后的余数值 */
12    printf("%d 百位数的数字为 %d\n",num,hundred);
13    /* 输出原整数及其百位数的数字 */
14    return 0;
15 }
```

执行结果（参考图 3-1）

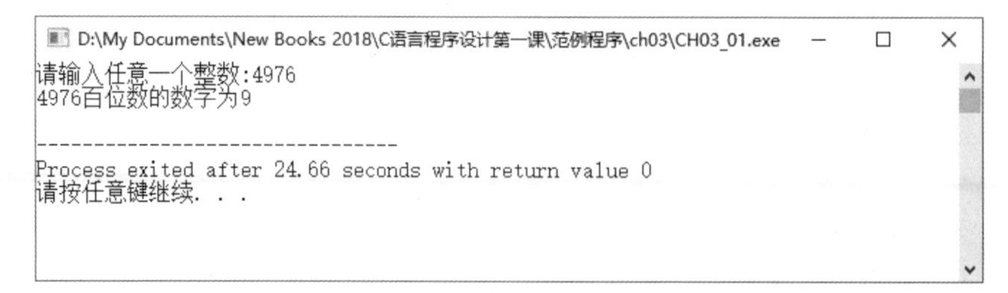

图 3-1

程序说明

- 第 7 行：声明两个整数变量 num、hundred。
- 第 9 行：任意输入一个整数 num。
- 第 11 行：因为要求百位数的数字，所以必须先求除以 100 的值。
- 第 12 行：输出原整数及其百位数的数字。

3.1.3 关系运算符

关系运算符主要是比较两个数值之间的大小关系，当使用关系运算符时，所运算的结果就是成立或者不成立两种。结果成立就称为“真（True）”，结果不成立则称为“假（False）”。

在 C 中并没有特别的类型来代表 False 或 True（C++ 中则有所谓的布尔类型），对于 False 是用数值 0 来表示，其他所有非 0 的数值则表示 True（通常会以数值 1 来表示）。关系比较运算符共有六种，如表 3-2 所示。

表 3-2

关系运算符	功能说明	用法	运行结果（A=15，B=2）
>	大于	A>B	15>2，结果为true(1)
<	小于	A<B	15<2，结果为false(0)
>=	大于等于	A>=B	15>=2，结果为true(1)
<=	小于等于	A<=B	15<=2，结果为false(0)
==	等于	A==B	15==2，结果为false(0)
!=	不等于	A!=B	15!=2，结果为true(1)

关系运算符运算的示范

【范例程序：CH03_02.c】

下面的范例程序输出两个整数变量与各种关系运算符之间的真值表结果，以 0 表示结果为假，1 表示结果为真。

```
01 #include<stdio.h>
02 #include<stdlib.h>
```

```
03
04 int main()
05 {
06      int a=30,b=53; /* 声明两个整数变量 */
07      /* 关系运算符运算范例与结果 */
08      printf("a=%d b=%d \n",a,b);
09      printf("---------------------------------\n");
10     printf("a>b,比较结果为 %d 值\n",a>b);
11     printf("a<b,比较结果为 %d 值\n",a<b);
12     printf("a>=b,比较结果为 %d 值\n",a>=b);
13     printf("a<=b,比较结果为 %d 值\n",a<=b);
14     printf("a==b,比较结果为 %d 值\n",a==b);
15     printf("a!=b,比较结果为 %d 值\n",a!=b);
16
17     return 0;
18 }
```

执行结果 （参考图 3-2）

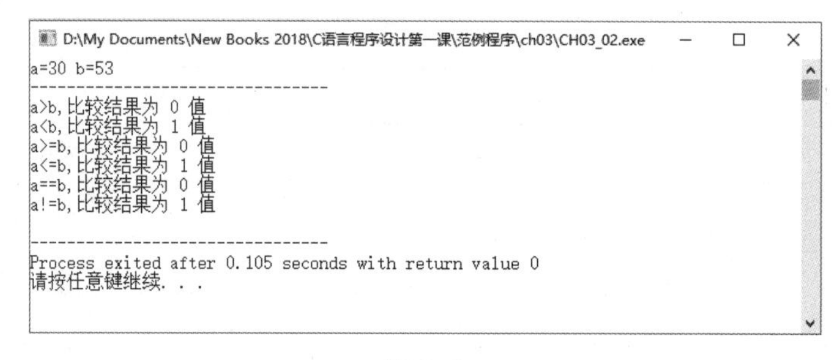

图 3-2

程序说明

- 第 6 行：声明两个整数变量 a 与 b。
- 第 8 行：输出整数变量 a、b 的值。
- 第 10~15 行：输出整数 a 与 b 使用六种关系运算符后的结果值。

3.1.4 逻辑运算符

逻辑运算符用于逻辑判断表达式来控制程序的流程，通常用于两个表达式之间的关系判断，经常与关系运算符合用，在 C 语言中的逻辑运算符共有三种，如表 3-3 所示。

表 3-3

运算符	功能	用法
&&	AND	a>b && a<c
||	OR	a>b || a<c
!	NOT	!(a>b)

&& 运算符

当 && 运算符（AND）两边的表达式都为 True(1) 时，其执行结果才为 True(1)，任何一边为 False(0) 时，执行结果都为 False(0)。真值表如表 3-4 所示。

表 3-4

A	B	&&逻辑运算结果
0	0	0
0	1	0
1	0	0
1	1	1

例如：

```
a>0 && c<0  /* 两个操作数都是 True，执行结果才为 True */
```

|| 运算符

只要 || 运算符（OR）两边的表达式之一为真 (1)，执行结果就为真 (1)，其真值表如表 3-5 所示。

表 3-5

A	B	|| 逻辑运算结果
0	0	0
0	1	1
1	0	1
1	1	1

例如：

```
a>0 || c<0   /* 两个操作数只要其中一个是 True，执行结果就为 True */
```

! 运算符

! 运算符（NOT）是一元运算符，它会将比较表达式的结果求反输出，也就是返回与操作数相反的值。其真值表如表 3-6 所示。

表 3-6

A	！运算结果
0	1
1	0

例如：

```
!(a>0)   /* 以 ! 运算符进行 NOT 逻辑运算，当操作数为真，取得 (a>0) 的反值 (true 的反值为 false，false 的反值为 true) */
```

在此还要提醒大家，逻辑运算符也可以连续使用，例如：

```
a<b && b<c || c>a
```

当我们连续使用逻辑运算符时，它的计算顺序为从左到右，也就是先计算“a<b && b<c”，然后将结果与“c>a”进行 OR 运算。

关系与逻辑运算符的求值

【范例程序：CH03_03.c】

下面的范例程序用于输出三个整数间关系运算符与逻辑运算符相互运算的真值表，请大家特别留意运算符间的相互运算规则以及优先次序。

```
01 #include <stdio.h>
02 #include <stdlib.h>
03
04 int main()
05 {
```

```
06
07    int a=3,b=5,c=7;        /* 声明 a、b 和 c 三个整数变量 */
08
09    printf("a= %d b= %d c= %d\n",a,b,c);
10   printf("======================================\n");
11
12   printf("a<b && b<c||c<a = %d\n",a<b&&b<c||c<a);
13   printf("!(a==b)&&(!a<b) = %d\n",!(a==b)&&(!a<b));
14    /* 包含关系与逻辑运算符的表达式求值 */
15
16   return 0;
17 }
```

执行结果（参考图 3-3）

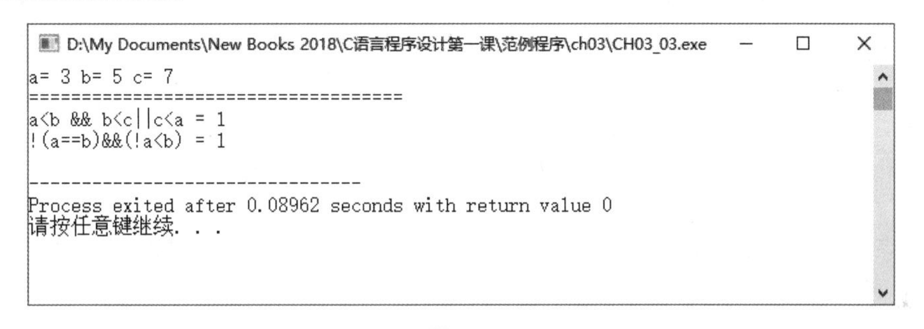

图 3-3

程序说明

- 第 7 行：声明 a、b 和 c 三个整数变量。
- 第 9 行：输出三个整数变量 a、b、c 的值。
- 第 12 行：第 1 个表达式求值。
- 第 13 行：第 2 个表达式求值。

3.1.5 递增与递减运算符

接着我们要介绍 C 语言中专有的递增“++”和递减运算符“--”。它们是针对变量操作数加减 1 的简化写法。++ 或 -- 运算符放在变量的前方就属于“前置型”，是将变量的值先进行 +1 或 -1 的运算，再输出变量的值。使用方式如下：

```
++ 变量名称；
-- 变量名称；
例如以下程序片段：
int a,b;

a=20;
b=++a;
printf("a=%d, b=%d\n",a,b);
/* 先执行 a=a+1 的操作，再执行 b=a 的操作，因此会输出 a=21,b=21 */
a=20;
b=--a;
printf("a=%d, b=%d\n",a,b);
/* 先执行 a=a-1 的操作，再执行 b=a 的操作，因此会输出 a=19,b=19 */
```

++ 或 -- 运算符放在变量的后面就属于“后置型”，是先将变量的值输出，再执行 +1 或 -1 的操作。使用方式如下：

```
变量名称 ++;
变量名称 --;
```

例如以下程序片段：

```
int a,b;

a=20;
b=a++;
printf("a=%d, b=%d\n",a,b);
/* 先输出 b=a(a=20)，再执行 a=a+1 的操作，因此会输出 a=21,b=20*/
int a,b;
a=20;
b=a--;
printf("a=%d, b=%d\n",a,b);
/* 先输出 b=a(a=20)，再执行 a=a-1 的操作，因此会输出 a=19,b=20*/
```

递增与递减运算符的实际应用范例

【范例程序：CH03_04.c】

下面的范例程序将实际示范前置型递增和递减运算，以及后置型递增递和递减运算。在运算前后的执行过程，请大家仔细比较输出的结果，这样自然就会更清楚地认识使用它们的方法。

```
01 #include<stdio.h>
02 #include<stdlib.h>
03
04 int main()
05 {
06     int a,b;
07
08     a=15;
09     printf("a= %d \n",a);
10       printf("前置型递增运算符:b=++a\n");
11       b=++a;/* 前置型递增运算符*/
12       printf("a=%d,b=%d\n\n",a,b);
13    a=15;
14    printf("a= %d \n",a);
15    printf("后置型递增运算符:b=a++\n");
16      b=a++; /* 后置型递增运算符*/
17      printf("a=%d,b=%d\n\n",a,b);
18    a=15;
19    printf("a= %d \n",a);
20    printf("前置型递减运算符:b=--a\n");
21      b=--a;/* 前置型递减运算符*/
22      printf("a=%d,b=%d\n\n",a,b);
23    a=15;
24    printf("a= %d \n",a);
25    printf("后置型递减运算符:b=a--\n");
26      b=a--;/* 后置型递减运算符*/
27      printf("a=%d,b=%d\n\n",a,b);
28
```

```
29     return 0;
30 }
```

执行结果》参考图 3-4。

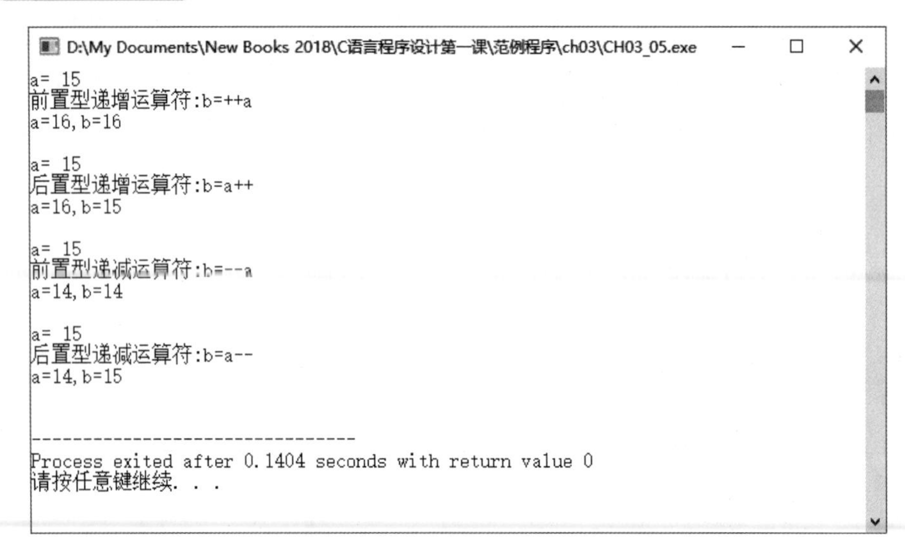

图 3-4

程序说明》

- 第 8~9 行：声明 a 整数变量，设置初始值为 15 并输出。
- 第 11 行：前置型递增运算符。
- 第 12 行：输出前置型递增运算后的结果。
- 第 16 行：后置型递增运算符。
- 第 17 行：输出后置型递增运算后的结果。
- 第 21 行：前置型递减运算符。
- 第 22 行：输出前置型递减运算后的结果。
- 第 26 行：后置型递减运算符。
- 第 27 行：输出后置型递减运算后的结果。

3.1.6 位运算符

计算机实际处理的数据其实只有 0 与 1 组合的数据，也就是采取二进制形式的数据。因此，我们可以使用位运算符（bitwise operator）来进行位与位之间的逻辑运算，这种运算通常可以分为“位逻辑运算符”与“位位移运算符”两种，参看以下说明。

1. 位逻辑运算符

位逻辑运算符则是特别针对整数中的位值进行计算。C 中提供了四种位逻辑运算符，分别是 &（AND）、|（OR）、^（XOR）与 ~（NOT），如表 3-7 所示。

表 3-7

位逻辑运算符	说明	使用语法
&	A与B进行AND运算	A & B
|	A与B进行OR运算	A | B
~	A进行NOT运算	~A
^	A与B进行XOR运算	A^B

我们来看以下范例：

&（AND）

执行 AND 运算时，对应的两个二进制位都为 1 时，运算结果才为 1，否则为 0。例如，a=12，则 a&38 得到的结果为 4，因为 12 的二进制表示法为 0000 1100，38 的二进制表示法为 0010 0110，两者执行 AND 运算后，结果为十进制的 4，如图 3-5 所示。

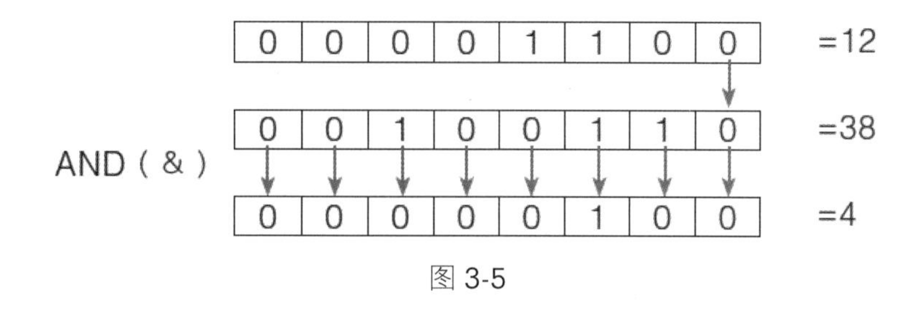

图 3-5

^（XOR）

执行 XOR 运算时，对应的两个二进制位只要其中任意一个为 1（true），运算结果就为 1（true），当两者同时为 1（true）或 0（false）时，则结果为

0（false）。例如，a=12，则 a^38 得到的结果为 42，如图 3-6 所示。

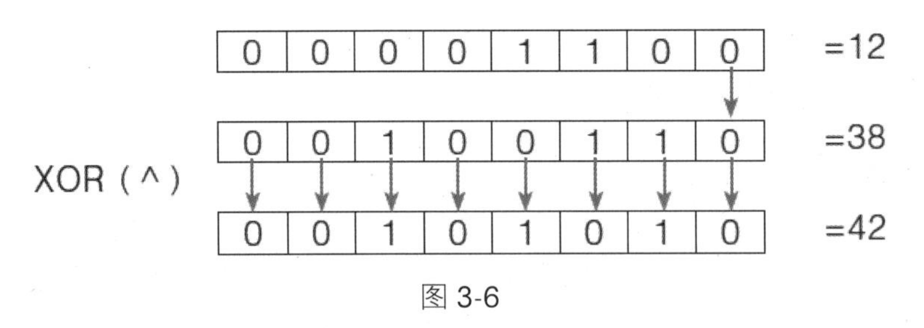

图 3-6

|（OR）

执行 OR 运算时，对应的两个二进制位只要其中任意一个为 1，运算结果就为 1，只有两个都为 0 时，运算结果才为 0。例如，a=12，则 a | 38 得到的结果为 46，如图 3-7 所示。

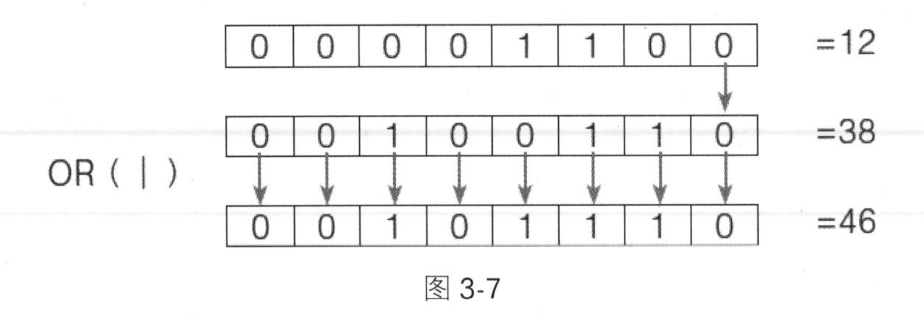

图 3-7

~（NOT）

NOT 的作用是取 1 的反码，即所有二进制位取反，也就所有位进行 0 与 1 的互换。例如，a=12，二进制表示法为 0000 1100，取反码后，由于所有位都会进行 0 与 1 的互换，因此运算后的结果为 -13，如图 3-8 所示。

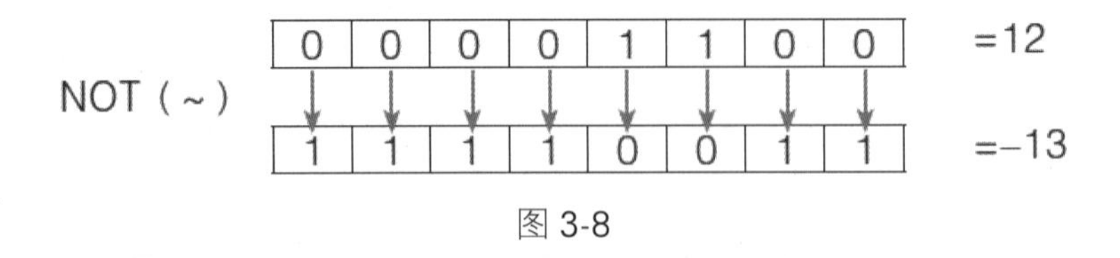

图 3-8

2. 位位移运算符

位位移运算符将整数值的二进制各个位向左或向右移动指定的位数，C 中提供了两种位位移运算符，如表 3-8 所示。

表 3-8

位位移运算符	说明	使用语法
<<	A左移n个位的运算	A<<n
>>	A右移n个位的运算	A>>n

<<（左移）

左移运算符（<<）可将操作数向左移动 n 位，左移后超出存储范围的舍去，右边空出的位补 0。语法格式如下：

```
a<<n
```

例如，表达式“12<<2”。数值 12 的二进制值为 0000 1100，向左移动两位后成为 0011 0000，也就是十进制的 48，如图 3-9 所示。

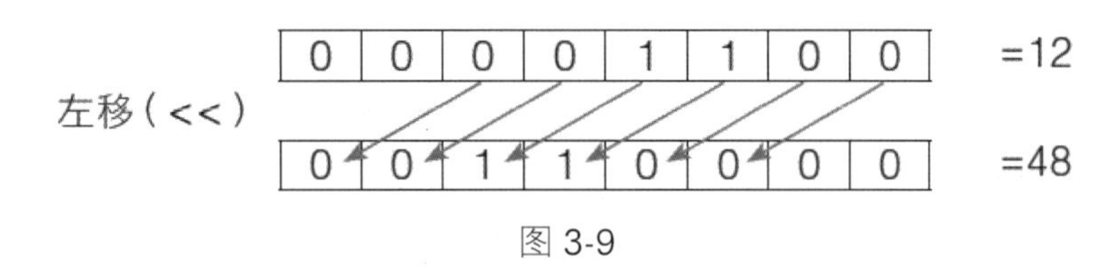

图 3-9

>>（右移）

右移运算符（>>）与左移相反，可将操作数内容右移 n 位，右移后超出存储范围的舍去。注意，这时右边空出的位，如果这个数值是正数就补 0，负数则补 1。语法格式如下：

```
a>>n
```

例如，表达式“12>>2”，数值 12 的二进制值为 0000 1100，向右移动两位后成为 0000 0011，也就是十进制的 3，如图 3-10 所示。

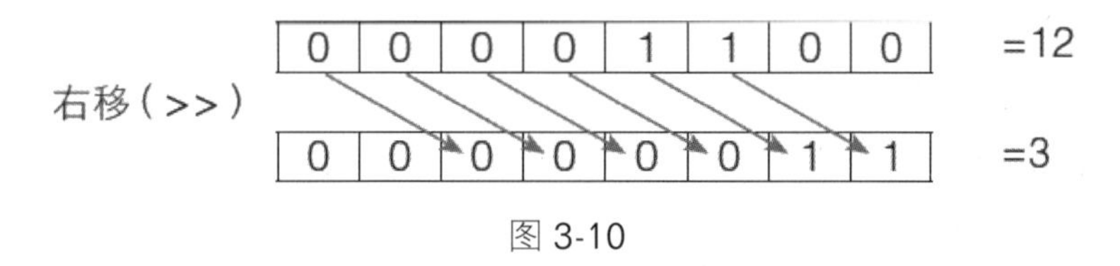

图 3-10

位运算符的综合运用

【范例程序：CH03_05.c】

下面的范例程序将实现本节上述图解的运算部分，在程序中声明 a=12，并与 38 进行四种位逻辑运算符的运算，然后输出结果，接着对 a 分别进行左移与右移两位的运算并输出结果。

```
01 #include<stdio.h>
02 #include<stdlib.h>
03
04 int main(void)
05 {
06     int a=12;
07
08     printf("%d&38=%d\n",a,a&38);/* AND 运算 */
09     printf("%d|38=%d\n",a,a|38);/* OR 运算 */
10     printf("%d^38=%d\n",a,a^38);/* XOR 运算 */
11     printf("~%d=%d\n",a,~a);/* NOT 运算 */
12     printf("%d<<2=%d\n",a,a<<2); /* 左移运算 */
13     printf("%d>>2=%d\n",a,a>>2); /* 右移运算 */
14
15 return 0;
16 }
```

执行结果 »（参考图 3-11）

```
选择D:\My Documents\New Books 2018\C语言程序设计第一课\范例程序\ch03\CH03_0...
12&38=4
12|38=46
12^38=42
~12=-13
12<<2=48
12>>2=3

--------------------------------
Process exited after 0.08802 seconds with return value 0
请按任意键继续. . .
```

图 3-11

</> 程序说明 >>

- 第6行：声明a整数变量，设置初始值为12。
- 第8行：a与38进行AND运算，并输出结果。
- 第9行：a与38进行OR运算，并输出结果。
- 第10行：a与38进行XOR运算，并输出结果。
- 第11行：a与38进行NOT运算，并输出结果。
- 第12行：a向左移动2位，并输出结果。
- 第13行：a向右移动2位，并输出结果。

3.1.7 复合赋值运算符

在C中还有一种复合赋值运算符，是由赋值运算符（=）与其他运算符组合而成的。先决条件是“=”右边的源操作数必须有一个和左边接收赋值数值的操作数相同，如果一个表达式含有多个复合赋值运算符，运算过程必须是从右边开始，逐步进行到左边。语法格式如下：

```
a op= b;
```

此表达式的含义是将a的值与b的值以op运算符进行计算，然后将结果赋值给a。

例如，以“A += B;”语句来说，它就是语句“A=A+B;”的精简写法，也就是先执行A+B的计算，接着将计算结果赋值给变量A。这类运算符如表3-9所示。

表 3-9

运算符	说明	使用语法
+=	加法赋值运算	A += B
-=	减法赋值运算	A -= B
*=	乘法赋值运算	A *= B
/=	除法赋值运算	A /= B
%=	余数赋值运算	A %= B
&=	AND位赋值运算	A &= B
|=	OR位赋值运算	A |= B
^=	NOT位赋值运算	A ^= B
<<=	位左移赋值运算	A <<= B
>>=	位右移赋值运算	A >>= B

复合赋值运算符的实际应用

【范例程序：CH03_06.c】

下面的范例程序是复合赋值运算符的实际操作过程，已知 a=b=5、x=10、y=20、z=30，请计算经过 x*=a+=y%=b-=z*=5 之后 x 的值。

```
01 #include<stdio.h>
02 #include<stdlib.h>
03
04 int main()
05 {
06     int a, b;
07     int x=10, y=20, z=30; /* 声明 x,y,z 变量并设置初始值 */
08     a=b=5; /* 设置整数变量 a 与 b 的初始值 */
09     printf("a= %d, b= %d\n",a,b); /* 输出 a 与 b 的值 */
10     printf("x= %d, y= %d, z= %d\n",x,y,z); /* 输出 x,y,z
       的值 */
11     printf(" 计算式 :x*=a+=y%%=b-=z*=5\n");
12     x*=a+=y%=b-=z*=5; /* 使用复合赋值运算符 , 计算上列算式 */
13     printf("x=%d\n",x); /* 输出 x 的值 */
14
15     return 0;
```

```
16 }
```

执行结果（参考图 3-12）

```
D:\My Documents\New Books 2018\C语言程序设计第一课\范例程序\ch03\CH03_06.exe
a= 5, b= 5
x= 10, y= 20, z= 30
计算式:x*=a+=y%=b-=z*=5
x=250

--------------------------------
Process exited after 0.1028 seconds with return value 0
请按任意键继续. . .
```

图 3-12

程序说明

- 第 6 行：声明 a、b 为整数变量。
- 第 7 行：声明 x、y、z 变量并设置初始值
- 第 9 行：输出整数变量 a 与 b 的值。
- 第 10 行：输出整数变量 x、y、z 的值。
- 第 12 行：使用复合赋值运算符，计算上列算式。
- 第 13 行：输出变量 x 经过运算后的值。

3.1.8 条件运算符

条件运算符（?:）是一种“三元运算符”，可以通过条件判断式的真假值来返回指定的值。使用语法如下所示：

```
条件判断式 ? 表达式 1: 表达式 2
```

条件运算符首先会执行条件判断式，如果条件判断式的结果为真，就会执行表达式 1；如果结果为假，就会执行表达式 2。例如，我们可以使用条件运算符来判断所输入的数字为偶数还是奇数：

```
int number;
```

```
scanf("%d",&number);

(number%2==0)?printf("输入数字为偶数\n"):printf("输入数字为奇数\n");
```

条件运算符的使用

【范例程序：CH03_07.c】

下面的范例程序使用条件运算符来判断所输入的两科成绩，判断是否都大于60分，如果是就代表及格，将会输出Y字符，否则输出N字符。

```
01 #include <stdio.h>
02 #include <stdlib.h>
03
04 int main(void)
05 {
06     int math, physical;          /* 声明两科课程的整数变量 */
07     char chr_pass;               /* 声明表示合格的字符变量 */
08
09
10    printf("请输入数学与物理成绩:");
11    scanf("%d %d",&math,&physical); /* 输入两科成绩 */
12
13    printf("数学 = %d分 与 物理 = %d分\n",math,physical);
14    (math >= 60 && physical >= 60 )? (chr_pass='Y'):
      (chr_pass='N');
15    /* 使用条件运算符来判断两科成绩是否都及格了 */
16
17    printf( "该名考生是否都及格了? %c\n", chr_pass );
18    /* 输出chr_pass变量内容，显示该考生是否合格了 */
19
20      return 0;
21 }
```

执行结果 »（参考图 3-13）

```
D:\My Documents\New Books 2018\C语言程序设计第一课\范例程序\ch03\CH03_07.exe
请输入数学与物理成绩:89 96
数学 = 89分 与 物理 = 96分
该名考生是否都及格了？ Y

--------------------------------
Process exited after 10.87 seconds with return value 0
请按任意键继续. . .
```

图 3-13

程序说明 »

- 第 6 行：声明两科课程的整数变量。
- 第 7 行：声明表示合格的字符变量。
- 第 11 行：输入两科成绩。
- 第 14 行：使用条件运算符来判断两科成绩是否都及格了。
- 第 17 行：输出 chr_pass 变量内容，显示该考生是否合格了。

3.2 运算符的优先级

一个表达式中往往包含了许多运算符，如何来安排彼此间执行的先后顺序呢？这时就需要按照优先级来建立运算规则了。当表达式使用超过一个运算符时，例如 z=a+4*b，就必须考虑运算符的优先级。小时候我们在数学课上最先背诵的口诀就是“先乘除，后加减”，这就是优先级的基本概念。

当我们遇到一个 C 的表达式时，首先区分出运算符与操作数。接下来按照运算符的优先级进行整理，当然也可使用“()”括号来改变优先级。最后从左到右考虑运算符的结合性（associativity），也就是遇到相同优先等级的运算符会从最左边的操作数开始进行运算。C 中各种运算符的优先级如表 3-10 所示。

表 3-10

<table>
<tr><th>运算符优先级</th><th>说明</th></tr>
<tr><td>()</td><td>括号，从左到右</td></tr>
<tr><td>[]</td><td>方括号，从左到右</td></tr>
<tr><td>!
-
++
--</td><td>逻辑运算NOT
负号
递增运算
递减运算，从右到左</td></tr>
<tr><td>~</td><td>位逻辑运算符，从右到左</td></tr>
<tr><td>*
/
%</td><td>乘法运算
除法运算
求余数运算，从左到右</td></tr>
<tr><td>+
-</td><td>加法运算
减法运算，从左到右</td></tr>
<tr><td><<
>></td><td>位左移运算
位右移运算，从左到右</td></tr>
<tr><td>>
>=
<
<=
==
!=</td><td>比较运算，大于
比较运算，大于等于
比较运算，小于
比较运算，小于等于
比较运算，等于
比较运算，不等于，从左到右</td></tr>
<tr><td>&
^
|</td><td>位运算AND
位运算XOR
位运算OR，从左到右</td></tr>
<tr><td>&&
||</td><td>逻辑运算AND
逻辑运算OR，从左到右</td></tr>
<tr><td>?:</td><td>条件运算符，从右到左</td></tr>
<tr><td>=</td><td>赋值运算，从右到左</td></tr>
</table>

运算符优先权的实际运用

【范例程序：CH03_08.c】

下面的范例程序用来测试大家对运算符优先权的了解，请大家试着先用纸笔计算出结果，最后确认是否与程序输出的结果一致。

```
int a,b,c;
a=12;b=30;
c= a*19+(b+7%2)-20*7%(b%7)-++a;
```

```
printf("c=%d\n",c);
```

```
01 #include <stdio.h>
02 #include <stdlib.h>
03
04 int main(void)
05 {
06
07     int a,b,c;/* 声明 a,b,c 为整数变量 */
08     a=12;b=30;
09
10      c=a*19+(b+7%2)-20*7%(b%7)-++a;
11      /* 按运算符优先级计算 */
12     printf("a=%d b=%d\n",a,b);
13      printf("a*19+(b+7%2)-20*7%(b%5)-++a=%d\n",c);
14     /* 输出最后的结果 */
15
16     return 0;
17
18 }
```

执行结果 （参考图 3-14）

```
D:\My Documents\New Books 2018\C语言程序设计第一课\范例程序\ch03\CH03_08.exe
a=13 b=30
a*19+(b+7)-20*7(b)-++a=246

--------------------------------
Process exited after 0.08972 seconds with return value 0
请按任意键继续. . .
```

图 3-14

程序说明

- 第 7 行：声明 a、b、c 为整数变量。
- 第 8 行：设置 a、b 为变量的初始值。
- 第 10 行：按运算符优先级计算。
- 第 12 行：输出 a、b 整数变量的值。

- 第 13 行：输出最后的结果 c。

认识类型转换

在程序执行过程中，表达式中往往会使用不同类型的变量（如整数或浮点数），这时 C 编译器会自动将变量存储的数据转换成相同的数据类型再进行运算。通常会以类型数值范围大的作为优先转换的对象，例如 float + int，会将结果转换为 float 类型。

如果赋值运算符“=”两边的类型不同，就一律转换成与左边变量相同的类型。当然在这种情况下，要注意执行结果可能会有所改变，例如将 double 类型的变量赋值给 short 类型变量，可能会遗失小数点后的精度。以下是数据类型大小转换的顺序：

```
double> float> unsigned long> long > unsigned int > int
```

除了由编译器自行转换的类型转换之外，C 语言也允许用户强制转换数据类型。例如想让两个整数相除时，可以采用强制类型转换，暂时将整数类型转换成浮点数类型。

如果要在表达式中强制转换数据类型，语法如下：

```
（强制转换类型名称） 表达式或变量;
```

例如以下程序片段：

```
int a,b,avg;
avg=(float)(a+b)/2; // 将 a+b 的值转换为浮点数类型
```

类型转换的范例

【范例程序：CH03_09.c】

下面的范例程序用来示范表达式中各个变量的类型转换过程，大家可以观察每个步骤的输出结果与变量间的顺序关系。

```
01 #include <stdio.h>
02 #include <stdlib.h>
03
04 int main(void)
05 {
06
07     int i=3;              /* 定义整数变量 i, 设置初值 */
08     float f=100.2F;   /* 定义浮点数变量 f, 设置初值 */
09     double d=200.2;   /* 定义双精度浮点数变量 d, 设置初值 */
10
11    printf("i(整数)=%d\n", i);
12    printf("f(单精度浮点数)=%f\n",f);
13    printf("d(双精度浮点数)=%f\n",d);
14    f=f/i; /* 除法运算 */
15    printf("f/i=%f\n", f);
16    d=d/i; /* 除法运算 */
17    printf("d/i=%f\n", d);
18    i=f+d;/* 加法运算结果转换成 int 类型再存入变量 i */
19    printf("i(整数)=f+d=%d\n", i);
20
21    return 0;
22 }
```

执行结果 »（参考图 3-15）

```
D:\My Documents\New Books 2018\C语言程序设计第一课\范例程序\ch03\CH03_09.exe
i(整数)=3
f(单精度浮点数)=100.199997
d(双精度浮点数)=200.200000
f/i=33.399998
d/i=66.733333
i(整数)=f+d=100

--------------------------------
Process exited after 0.0904 seconds with return value 0
请按任意键继续. . .
```

图 3-15

程序说明 »

- 第 7 行：定义整数变量 i，并设置初值。
- 第 8 行：定义浮点数变量 f，并设置初值。

- 第 9 行：定义双精度浮点数变量 d，并设置初值。
- 第 14 行：单精度变量 f 经过除法运算与赋值运算。
- 第 16 行：双精度浮点变量 d 经过除法运算与赋值运算。
- 第 18 行：加法运算结果转换成 int 类型再存入变量 i。

3.3 综合范例程序 1——钞票兑换机

设计一个具有“钞票兑换机”功能的 C 程序，让用户输入兑换总额，再计算出所能兑换的 100 元、50 元、10 元纸币与 1 元硬币的数量。

钞票兑换机

【范例程序：CH03_10.c】

```
01 #include <stdio.h>
02 #include <stdlib.h>
03
04 int main(void)
05 {
06      int num;/* 声明为整数变量 */
07         int hundred,fifty,ten,one;/* 声明为整数变量 */
08
09         printf("请输入要兑换的总额:");
10         scanf("%d",&num);/* 输入兑换总额 */
11         /* 使用简单的四则运算 */
12     hundred=num/100; /* 换 100 元钞 */
13     fifty=(num-hundred*100)/50; /* 换 50 元钞 */
14     ten=(num-hundred*100-fifty*50)/10; /* 换 10 元钞 */
15     one=num-hundred*100-fifty*50-ten*10; /* 换 1 元硬币 */
16
17     printf("-----------------------------------------\n");
18        /* 画出分隔线 */
19        printf("100 元有 %d 张 50 元有 %d 张 10 元有 %d 张 1 元硬币有 %d 个
\n",hundred,fifty,ten,one);
20
```

```
21    return 0;
22 }
```

执行结果 （参考图 3-16）

```
D:\My Documents\New Books 2018\C语言程序设计第一课\范例程序\ch03\CH03_10.exe
请输入要兑换的总额:685
------------------------------------------------------------
100元有6张 50元有1张 10元有3张 1元硬币有5个

--------------------------------
Process exited after 2.742 seconds with return value 0
请按任意键继续. . .
```

图 3-16

3.4 综合范例程序 2——温度转换器

设计一个具有温度转换器功能的 C 程序，让用户输入摄氏温度值，再将它再转换为华氏温度后输出。

温度转换器

【范例程序：CH03_11.c】

```
01 #include<stdio.h>
02 #include<stdlib.h>
03
04 int main(void)
05 {
06     /* 声明变量 */
07     float c, f;
08
09     printf(" 请输入摄氏温度: ");
10    scanf("%f",&c);/*  自行输入温度  */
11
12    f=(9*c)/5+32;        /*  华氏与摄氏温度转换公式  */
13    printf(" 摄氏 %.1f 度 = 华氏 %.1f 度 \n",c,f);
14
```

```
15     return 0;
16 }
```

执行结果（参考图 3-17）

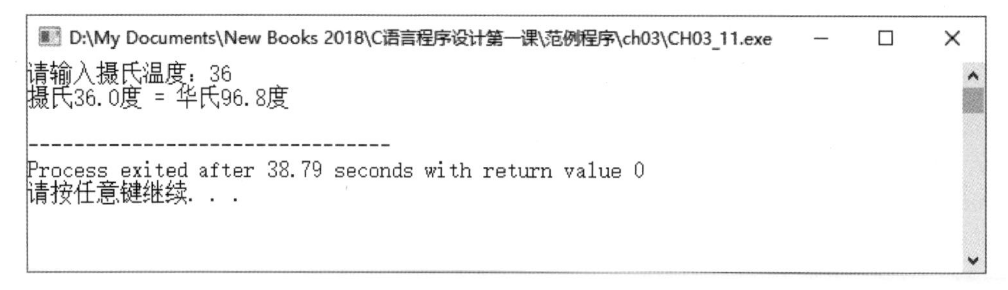

图 3-17

本章重点回顾

- 表达式是由运算符（operator）与操作数（operand）所组成的。
- C 运算符的种类相当多，有赋值运算符、算术运算符、关系运算符、逻辑运算符、递增递减运算符以及位运算符等。
- 赋值运算符的作用是将“=”右方的值赋给“=”左方的变量，由至少两个操作数组成。
- 在赋值运算符“=”右侧可以是常数、变量或表达式，而赋值运算符左侧只能是变量，不能是数值、函数或表达式等。
- 关系运算符主要是在比较两个数值之间的大小关系，当使用关系运算符时，所运算的结果就是成立或者不成立两种。
- 在 C 语言中并没有特别的类型来代表 False 或 True（C++ 中则有所谓的布尔类型）。False 用数值 0 来表示，其他所有非 0 的数值则表示 True（通常会用数值 1 来表示）。
- 逻辑运算符主要用于逻辑判断表达式来控制程序的流程，通常是用于两个表达式之间的关系判断，经常与关系运算符合用。C 语言中的逻辑运算符共有三种：&&、||、!。
- 递增运算符“++”和递减运算符“--”是对变量操作数加 1 和减 1 的简化写法。

- 位运算符（bitwise operator）用于进行位与位间的逻辑运算。通常分为“位逻辑运算符”与“位位移运算符”两种。
- 复合赋值运算符是由赋值运算符“=”与其他运算符组合而成，先决条件是“=”右边的源操作数必须有一个和左边接收赋值数值的操作数相同。
- 条件运算符（?:）是C语言中唯一的“三元运算符”，可以借助条件判断表达式的真假值来返回指定的值。
- 除了由编译器自行转换的类型之外，C语言也允许用户强制转换数据类型。

课后习题

填空题

1. ______会将它右侧的值赋给左侧的变量。

2. 位运算符可以进行位与位间的逻辑运算，通常分为“__________”与“_________”两种。

3. 表达式是由_________与________所组成的。

4. ________是一元运算符，它会将比较表达式的结果求反，也就是返回与操作数相反的值。

5. _______是C语言中唯一的“三元运算符”，可以借助条件判断表达式的真假值来返回指定的值。

问答与实践题

1. a=15，“a&10”的结果值是什么？

2. 已知a=b=5、x=10、y=20、z=30，计算x*=a+=y%=b-=z/=3，最后x的值是多少？

3. 下面这个程序进行除法运算，如果想得到较精确的结果，试问当中有什么错误？

```
int main()
{
      int x = 13, y = 5;
      printf("x /y = %f\n", x/y);
      return 0;
}
```

4. 试说明 ~NOT 运算符的作用。

5. C 中的“==”运算符与“=”运算符有什么不同？

6. 已知 a=20、b=30，计算下列各式的结果：

```
a-b%6+12*b/2
(a*5)%8/5-2*b)
(a%8)/12*6+12-b/2
```

7. 以下程序代码的打印结果是什么？

```
int a,b;

a=5;
b=a+++a--;
printf("%d\n",b);
```

第4章

选择性流程控制

本章重点

1. 结构化程序设计
2. if 条件语句
3. if else 条件语句
4. if else if 条件语句
5. switch 选择语句

经过近数十年来程序设计语言的不断发展，结构化程序设计（Structured Programming）的趋势慢慢成为程序开发的主流，其主要思想就是将整个问题从上而下，由大到小逐步分解成较小的单元，这些单元称为模块（module）。

4.1 结构化程序设计

C 语言主要是按照源代码的顺序从上而下按序执行，不过有时会根据需要改变其顺序，此时就可以由流程控制语句来告诉计算机应以何种顺序来执行程序语句。除了模块化设计，“结构化程序设计”的特色还包括三种流程控制结构：“顺序结构”“选择结构”以及“重复结构”。通常“结构化程序设计”具备表 4-1 中的三种控制流程。对于一个结构化程序，不管其结构如何复杂，都可使用以下基本控制流程来加以表达。在本章中我们将先介绍“顺序结构”和“选择结构”。

表 4-1

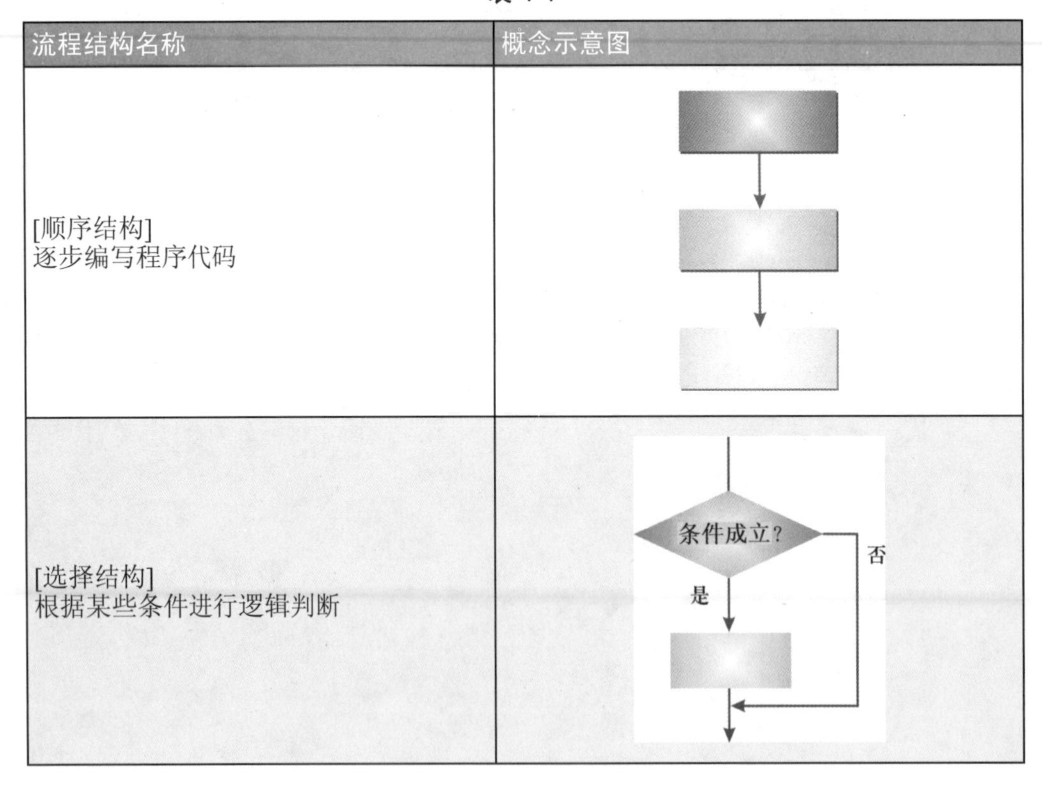

流程结构名称	概念示意图
[顺序结构] 逐步编写程序代码	
[选择结构] 根据某些条件进行逻辑判断	条件成立？ 是 否

（续表）

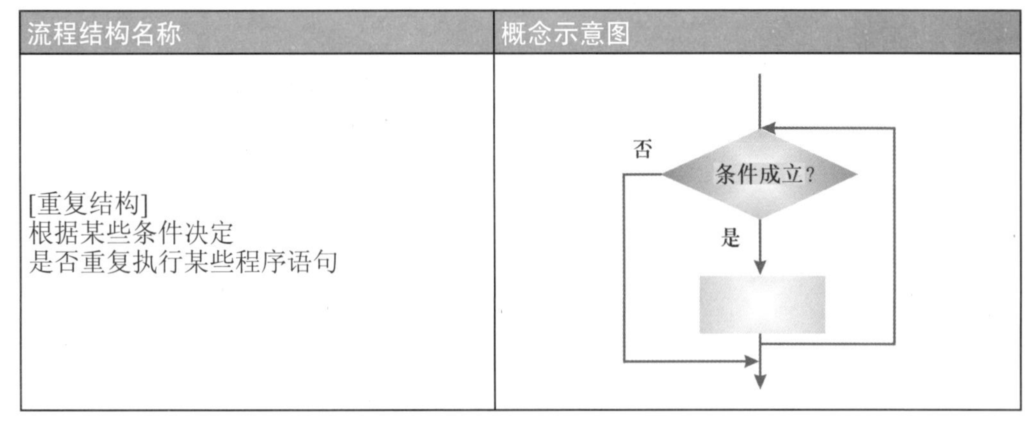

流程结构名称	概念示意图
[重复结构] 根据某些条件决定 是否重复执行某些程序语句	

顺序结构

顺序结构就是程序中的语句（或指令）从上而下一个接着一个，没有任何转折地执行，如图 4-1 所示。

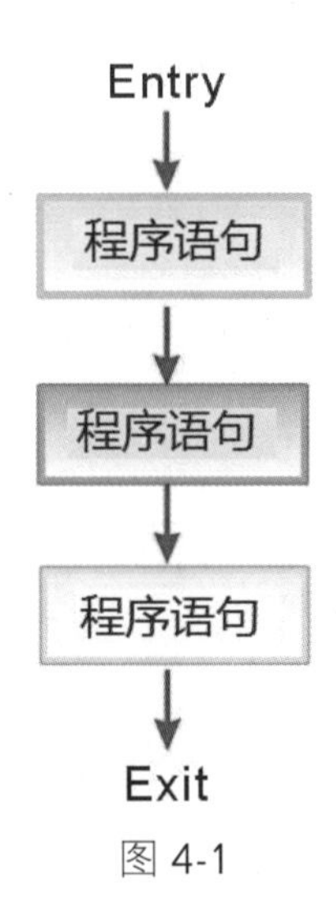

图 4-1

我们知道语句（statement）是 C 最基本的执行单位，每一行语句都必须加上分号“;”作为结束。在 C 程序中，我们可以使用大括号“{ }”将多条语句括起来，这样以大括号“包围”的多行语句就称作程序语句区块（statement block）。在 C 中，程序语句区块可以被看作是一个最基本的指令区块，使用上就像一般的程序指令，而它也是顺序结构中的最基本单元。格式如下：

```
{
    程序语句;
```

```
    程序语句;
    程序语句;
}
```

例如，下面的程序就是一个典型顺序结构的程序区块，执行流程自上而下，一条语句接一条语句地执行：

```
{
    int a;
    int b;

     a=5;
     b=10;
     b=a+100;
}
```

4.2 选择结构

选择结构是一种条件控制指令，包含有一个条件判断表达式，如果条件为真，就执行某些程序语句，一旦条件为假，就执行另一些程序语句，就像我们走到了一个十字路口，不同的目的地有不同的方向，可以根据不同的情况来选择方向，如图 4-2 所示。

图 4-2

选择结构（selection structure）对于程序设计语言而言就是一种条件控制语句，它包含有一个条件判断表达式，如果条件为真，就执行某些程序语句，一旦条件为假，就执行另一些程序语句，如图 4-3 所示。

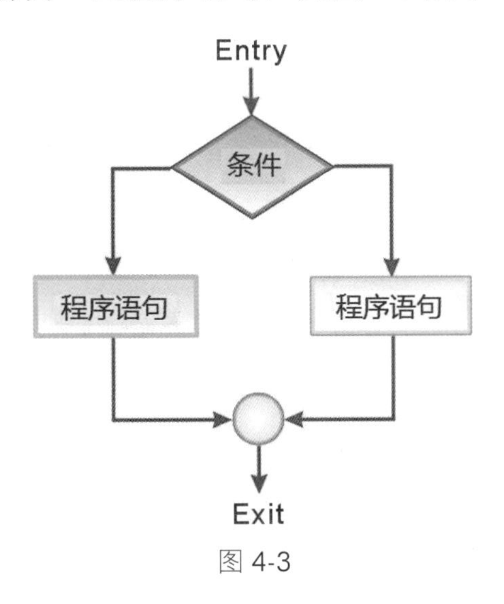

图 4-3

选择结构必须配合逻辑判断表达式来建立条件语句，除了之前介绍过的条件运算符外，C 语言中提供了三种条件控制语句：if、if else 以及 switch，通过这些语句可以让我们在程序编写上有更丰富的逻辑性。

4.2.1 if 条件指令

对于 C 程序来说，if 条件语句是一个相当普遍且实用的语句。当 if 的条件判断表达式成立时（返回 1），程序将执行括号内的语句；否则即条件判断表达式不成立(返回0)，则不执行括号内的语句，并结束 if 语句，流程图如图 4-4 所示。

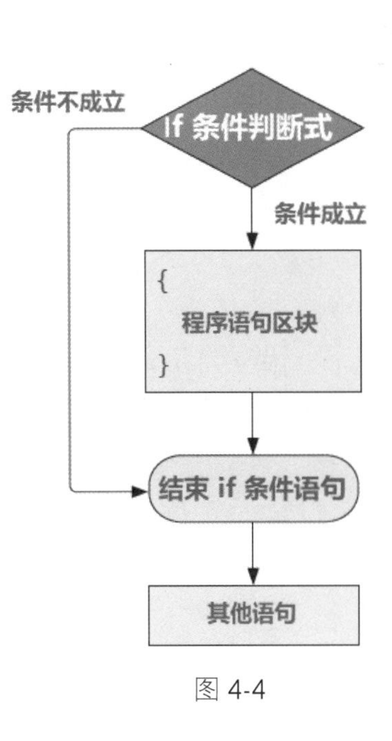

图 4-4

在 if 语句下执行多行程序代码的语句称为程序语句区块，此时必须按照前面介绍的语法以大括号 { } 将这些语句括起来。if 语句的语法格式如下：

```
if （条件判断表达式）
{
     程序语句区块；
}
```

如果 {} 程序区块只包含一条程序语句，则可省略括号 {}，语法如下：

```
if （条件运算符）
    程序语句；
```

接着我们以两个简单的例子来进行说明。

例 1：

```
01 /* 多行程序语句 */
02 if(test_score>=60)
03 {
04      printf("You Pass!\n");
05      printf("Your score is%d\n",test_score);
        /* 多一行输出成绩 */
06 }
```

例 2：

```
01 /*单行程序语句*/
02 if(test_score>=60)
03      printf("You Pass!\n");
```

消费满额赠送来店礼品

【范例程序：CH04_01.c】

某一家百货公司准备年终回馈顾客，试使用 if 语句来设计，只要所输入的消费额满 2000 元即赠送来店礼品。

```
01 #include <stdio.h>
```

```
02 #include <stdlib.h>
03
04 int main(void)
05 {
06     int charge;         /* 声明 charge 变量 */
07     printf(" 请输入总消费金额: ");
08     scanf("%d", &charge);    /* 输入消费金额 */
09
10    if(charge>=2000)    /* 如果消费金额大于等于 2000*/
11     printf(" 请到 10 楼领取周年庆礼品 \n");
12
13    return 0;
14 }
```

执行结果（参考图 4-5）

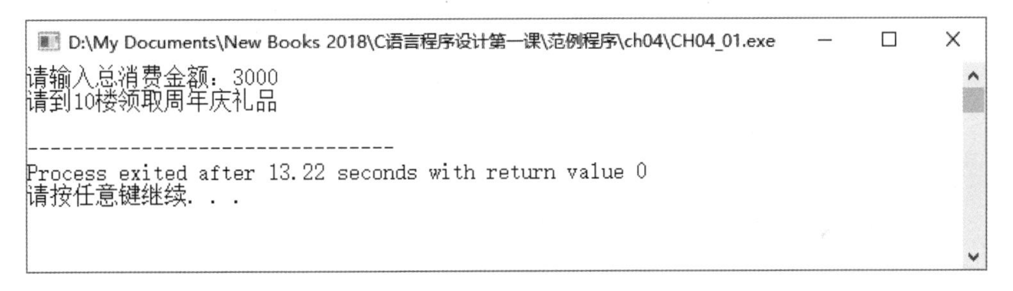

图 4-5

程序说明

- 第 6 行：声明 charge 为整数变量。
- 第 8 行：使用 scanf() 函数来输入消费金额。
- 第 10 行：使用 if 语句来执行条件判断式，如果消费金额大于等于 2000 就执行第 11 行的输出语句。

如果想在其他情况下再执行某些操作，也可以使用重复的 if 语句来加以判断。下面的程序代码中使用两条 if 语句，让用户输入一个数值，并由所输入的数字去选择计算出立方值或平方值：

```
if(select=='1')
```

```
{
  ans=a*a;  /* 计算 a 平方值并赋值给变量 ans  */
  printf("平方值为: %d\n", ans);
}/* 第一条 if 语句 */

if(select=='2')
{
  ans=a*a*a;  /* 计算 a 立方值并赋值给变量 ans*/
  printf("立方值为: %d\n", ans); /* 显示立方值 */
} /* 第二条 if 语句 */
```

4.2.2 if else 条件语句

虽然使用多重 if 条件语句可以解决各种条件下的不同执行问题，但始终还是不够精简，这时 if else 条件语句就能派上用场了。if else 条件语句可以让选择结构的程序代码可读性更高，提供了两种不同的选择：当 if 的条件判断表达式（Condition）成立时（返回 1），将执行 if 程序语句区块内的程序语句；否则执行 else 程序语句区块内的程序语句，最后结束 if 语句，如图 4-6 所示。

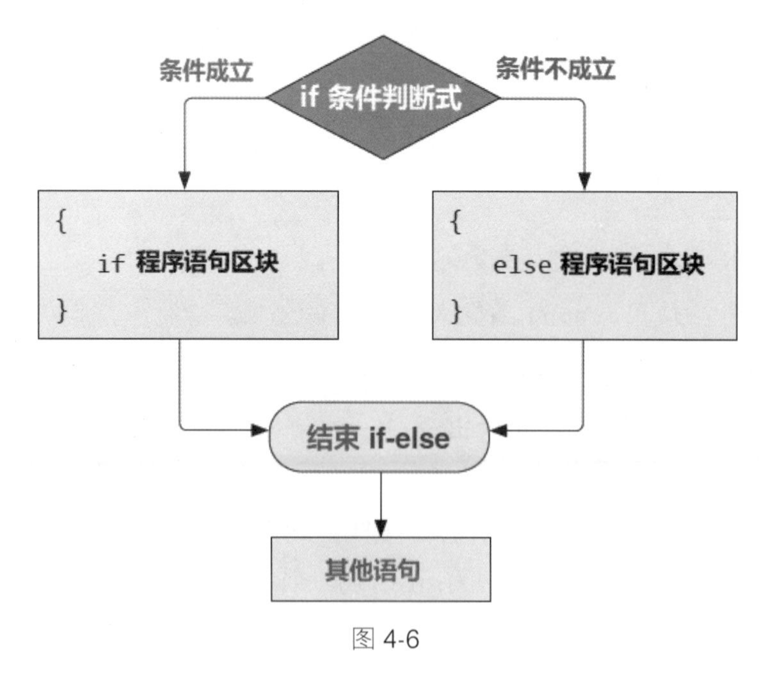

图 4-6

if-else 语句的语法格式如下：

```
if （条件判断表达式）
{
    程序区块；


}
else
{    程序区块；



}
```

当然，如果 if-else{} 区块内仅包含一条程序语句，就可以省略括号 {}，语法如下：

```
if （条件判断表达式）
单条语句；
else
单条语句；
```

奇偶数判断器

【范例程序：CH04_02.c】

下面的范例程序使用 2 的余数值与 if else 语句来判断所输入的数字是奇数还是偶数。

```
01 #include <stdio.h>
02 #include <stdlib.h>
03
04 int main(void)
05 {
06       int num=0;  /* 声明整数变量 */
07       printf("请输入一个正整数：");
```

```
08        scanf("%d", &num);        /* 输入数值 */
09
10           if(num%2)            /* 如果整数除以 2 的余数等于 0*/
11        printf("输入的数为奇数。\n");        /* 输出奇数 "*/
12       else                         /* 否则 */
13        printf("输入的数为偶数。\n");      /* 输出偶数 "*/
14
15      return 0;
16 }
```

执行结果（参考图 4-7）

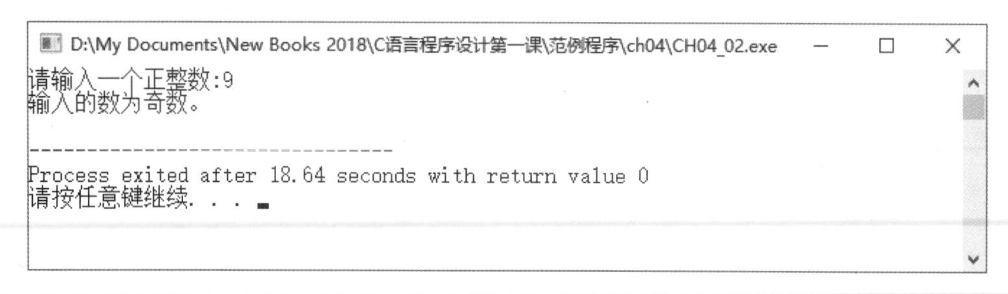

图 4-7

程序说明

- 第 6 行：声明 num 为整数变量，并设置初始值为 0。
- 第 8 行：使用 scanf() 函数输入一个正整数。
- 第 10~13 行：使用 if else 语句与求余数运算符 % 来判断 num 是否为 2 的倍数。

在条件判断复杂的情况下，有时会出现 if 条件语句所包含的复合语句中又有另外一层 if 条件语句。这种多层的选择结构就称作嵌套 if 条件语句。在 C 中并非每个 if 都会有对应的 else，但是 else 一定是对应最近的一个 if。我们先来研究一下下面的程序代码，输入 score 值为 80，看看会发生什么问题。

```
int score;

scanf("%d", &score);/* 输入一个整数 */
```

```
if(score >= 60)
    if(score ==100)
        printf("满分!");
    else
        printf("成绩不及格!");
```

执行结果竟然显示成绩不及格，原因就是else的配对出了问题。由于在C语言中else一定要对应到最近的一个if，程序代码中的else语句是对应到if (score ==100)语句，虽然编译成功了，但是程序有逻辑错误。只要适当加上“{}”，修改为以下程序代码，就不会有任何问题了：

```
int score;

scanf("%d", &score);/* 输入一个整数 */

if(score >= 60)
{
if(score ==100)
        printf("满分!");
}
else
    printf("成绩不及格!");
```

4.2.3 if else if 条件语句

接下来介绍if else if条件语句。它是一种多选一的条件语句，让用户在if语句和else if中选择符合条件判断表达式的程序语句区块，如果以上条件判断表达式都不符合，就会执行最后的else语句，或者也可以看成是一种嵌套if else结构。语法格式如下：

```
if (条件判断表达式1)
    程序语句区块1;
else if (条件判断表达式2)
    程序语句区块2;
```

```
……
else if (条件判断表达式 3)
    程序语句区块 3;
……
else
    程序语句区块 n;
```

如果条件判断表达式 1 成立，就执行程序语句区块 1，否则执行 else if 之后的条件判断表达式 2；如果条件判断表达式 2 成立，就执行程序语句区块 2，否则执行 else if 之后的条件判断表达式 3；以此类推，如果都不成立就执行最后一个 else 的程序语句区块 n。if else if 条件语句的流程图如图 4-8 所示。

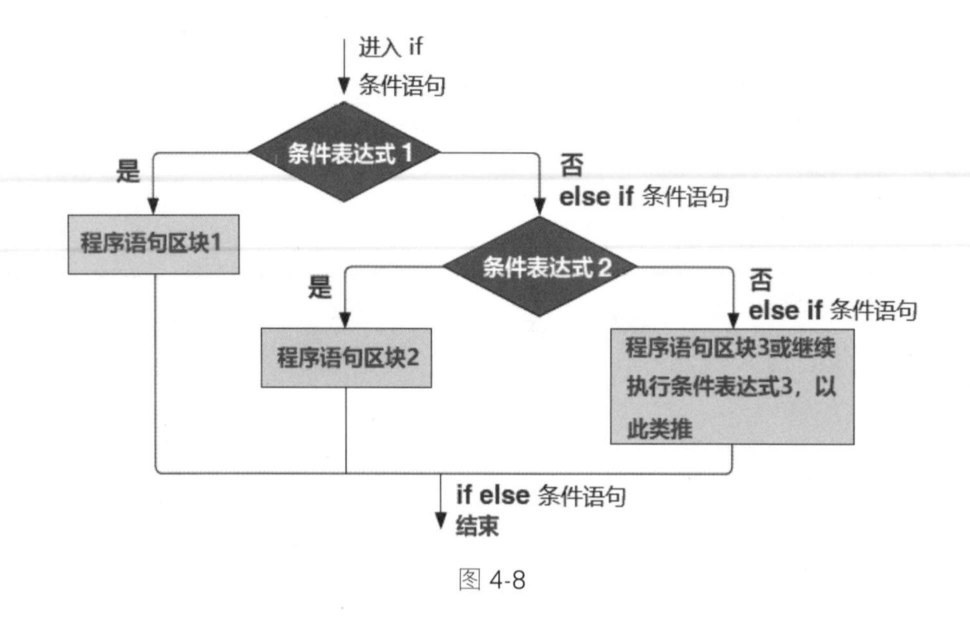

图 4-8

消费金折扣回馈

【范例程序：CH04_03.c】

下面的范例程序可以让消费者输入购买金额，并根据不同的消费等级有不同的折扣（见表 4-2），请使用 if else if 语句来输出最后要花费的金额。

表 4-2

消费金额	折扣数目
15000元以上（含15000元）	20%
5000~15000元（不含15000元）	15%
5000元以下	10%

```
01 #include <stdio.h>
02 #include <stdlib.h>
03
04 int main()
05 {
06      float cost=0;                  /* 声明浮点数变量 cost*/
07      printf("请输入消费总金额 :");
08      scanf("%f", &cost);/* 输入消费金额 */
09
10        if(cost>=15000)
11      cost=cost*0.8; /* 15000 元以上打 8 折 */
12      else if(cost>=5000)
13      cost=cost*0.85; /* 5000 元到 15000 元之间打 85 折 */
14      else
15      cost=cost*0.9; /* 5000 元以下打 9 折 */
16      printf("实际消费总额: %.1f 元\n",cost);
17      /* 消费金额输出时保留到小数点后一位 */
18
19    return 0;
20 }
```

执行结果 »（参考图 4-9）

```
D:\My Documents\New Books 2018\C语言程序设计第一课\范例程序\ch04\CH04_03.exe
请输入消费总金额:5800
实际消费总额: 4930.0元

--------------------------------
Process exited after 85.81 seconds with return value 0
请按任意键继续. . .
```

图 4-9

程序说明

- 第 6 行：声明浮点数变量 cost。
- 第 8 行：输入消费金额。
- 第 10~15 行：使用 if else if 语句分别判断消费金额折扣。
- 第 16 行：输出消费金额，输出时保留到小数点后一位。

阶梯电价查询程序

【范例程序：CH04_04.c】

由用户输入每月用电量，使用 if else if 语句与逻辑运算符来设计一个程序，向查询的用户显示用户自己当月最高电价段每度单价。用电量度数与单价的对应表如表 4-3 所示。

表 4-3

度数/度	单位/元	度数/度	单位/元
1~100	0.5	201~300	1.2
101~200	0.8	300度以上	1.8

注意：为了编程的需要，这个表中的阶梯电价数据是虚构的。如果要将该程序用于实际生活中，则需要填写实际阶梯电价的数据。

```
01 #include <stdio.h>
02 #include <stdlib.h>
03
04 int main(void)
05 {
06
07    int degree; float pay;/* 声明两个变量 degree,pay */
08
09    printf("请输入用电度数:");
10    scanf("%d",&degree); /* 输入本月用电度数 */
11
12     if(degree>=1 && degree<=100)
```

```
13          pay=0.5f; /* 1~100度 */
14
15            else if (degree>=101 && degree<=200)
16          pay=0.8f; /* 101~200度 */
17
18            else if (degree>=201 && degree<=300)
19          pay=1.2f; /* 201~300度 */
20
21      else
22          pay=1.8f; /* 300度以上 */
23          printf("本月用电%d度，最高阶梯电价部分的电价为%3.2f元
             \n",degree,pay);
24      /* 输出本月用电量最高阶梯电价的每度价格 */
25    return 0;
26 }
```

执行结果（参考图4-10）

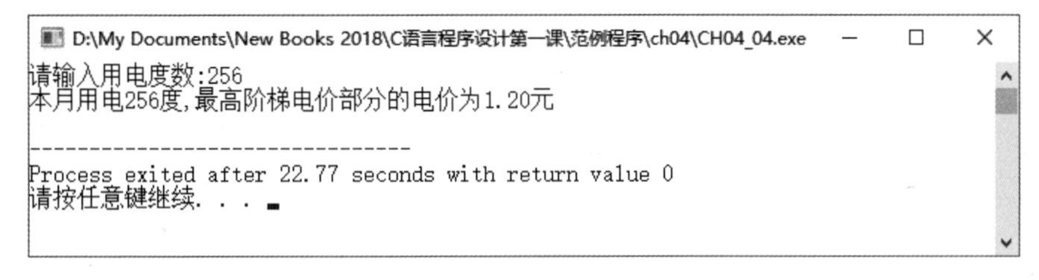

```
D:\My Documents\New Books 2018\C语言程序设计第一课\范例程序\ch04\CH04_04.exe
请输入用电度数:256
本月用电256度,最高阶梯电价部分的电价为1.20元

--------------------------------
Process exited after 22.77 seconds with return value 0
请按任意键继续. . .
```

图4-10

程序说明

- 第7行：声明两个变量degree和pay。
- 第10行：输入本月用电度数。
- 第12~13行：1~100度内的每度电价。
- 第15~16行：101~200度内的每度电价。
- 第18~19行：201~300度内的每度电价。
- 第22行：300度以上的每度电价。

4.2.4 switch 选择语句

if else if 条件语句虽然可以实现多选一的结构，可是当条件判断表达式增多时，就不如 switch 条件语句简洁、易懂了，特别是过多的 else if 语句常会使日后程序维护不便。switch 条件语句的语法如下：

```
switch(表达式)
{
 case 数值1:
      程序语句区块1;
      break;
 case 数值2:
      程序语句区块2;
      break;
          .
          .
          .
 default:
     程序语句;        } Default 语句可以省略
}
```

如果程序语句区块只包含一条语句，可以将程序语句接到常数表达式之后：

```
switch(表达式)
{
 case 数值1:  程序语句1;
             break;
 case 数值2:  程序语句2;
             break;
……
default: 程序语句;
}
```

在 switch 条件语句中，首先求出表达式的值（这个结果值只能是字符或整数常数），再将此值与 case 的常数值进行比较。如果找到相同的结果值，就执行相对应的 case 内的程序语句区块内的语句；假如找不到符合的常数值，最后就执行 default 语句；如果没有 default 语句，就结束 switch 语句。default 的作用有点像 if else if 语句中最后那一条 else 语句的功能。

注意，在每条 case 语句最后必须加上一条 break 语句来结束，这有什么作用？在 C 语言中，break 语句的主要用途是用来跳出程序语句区块，当执行完任何 case 区块后，并不会直接离开 switch 区块，而是往下继续执行其他的 case，这样会浪费运行时间且会发生错误，只有加上 break 指令才可以跳出 switch 语句。下面先简单说明 switch 语句的执行流程图（参考图 4-11）。

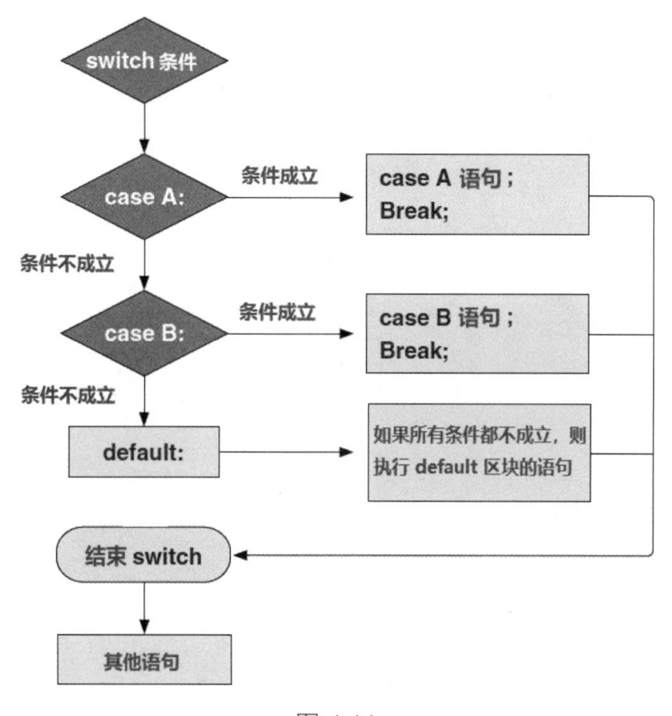

图 4-11

default 语句是可有可无的，原则上可以放在 switch 语句内的任何位置，如果找不到符合的判断值，就会执行 default 语句，如果没有 default 语句，就直接结束 switch 语句。

快餐店点餐程序

【范例程序：CH04_05.c】

下面的范例程序使用 switch 语句来输入所要购买的快餐种类，并分别显示其价格，使用 break 的特性设置多重 case 条件。

```
01 #include <stdio.h>
02 #include <stdlib.h>
03
04 int main()
05 {
06     int select;
07     printf("    (1) 排骨快餐\n");
08     printf("    (2) 海鲜快餐\n");
09     printf("    (3) 鸡腿快餐\n");
10     printf("    (4) 鱼排快餐\n");
11     printf("    \n请输入您要购买的快餐代号：");
12
13     scanf("%d",&select);/*输入整数并存入变量select*/
14
15 printf("\n=====================================\n");
16     switch(select)
17     {
18            case 1:              /*如果select等于1*/
19                   printf("排骨快餐一份30元");
20                   break;          /*跳出switch*/
21            case 2:             /*如果select等于2*/
22                   printf("海鲜快餐一份35元");
23                   break;          /*跳出switch*/
24            case 3:             /*如果select等于3*/
25                   printf("鸡腿快餐一份25元");
26                   break;          /*跳出switch*/
27            case 4:             /*如果select等于3*/
28            printf("鱼排快餐一份20元");
29                   break;          /*跳出switch*/
```

```
30            default:            /* 如果 select 不等于 1,2,3,4
                                    任何一个 */
31                printf("没有这个选项\n");
32        }
33    printf("\n==================================\n");
34
35    return 0;
36 }
```

执行结果 »（参考图 4-12）

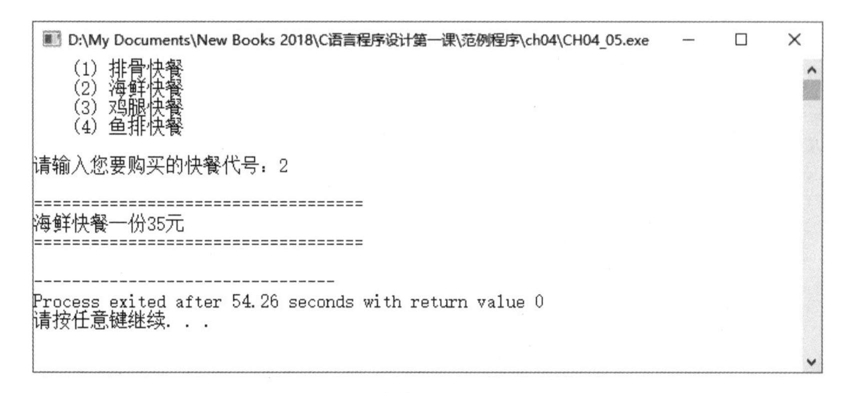

图 4-12

程序说明 »

- 第 6 行：声明整数变量 select。
- 第 7~11 行：输出各种快餐的售价与相关文字。
- 第 16 行：根据输入的 select 变量值决定执行哪一行的 case 语句，例如当输入数值为 1 时，会输出“排骨快餐一份 30 元”字符串，而 break 指令代表的是直接跳出 switch 条件语句，不会执行下一条 case 语句。
- 第 30 行：如果输入的字符都不符合所有 case 条件，即是 1、2、3、4 以外的数值，则会执行 default 后的程序语句区块。

分数段判断

【范例程序：CH04_06.c】

下面的范例程序让用户输入一个代表成绩的字符，包括 A、B、C、D、E 五级，所输入的英文大小写字母都可接受，并输出所代表成绩的意义。如果所输入的不是以上字母，将输出“没有此分数段”。这个范例程序的重点是 switch 语句中使用两个 case 值来执行相同的语句。

```
01 #include<stdio.h>
02 #include<stdlib.h>
03
04 int main()
05 {
06      char ch; /* 声明 ch 字符变量 */
07
08      printf("A,B,C,D..F\n");
09      printf("请输入分数段：");
10
11     scanf("%c",&ch);/* 输入字符变量 ch */
12     /*switch 条件语句开始 */
13     switch(ch)
14     {
15         /* 此处不加大括号 */
16         case 'A':
17         case 'a': /* 输入大写或小写字母都可 */
18           printf("分数在 90 分以上 !\n");
19           break;
20         case 'B':
21         case 'b':  /* 输入大写或小写字母都可 */
22           printf("分数在 80 分以上 !\n");
23           break;
24         case 'C':
25         case 'c': /* 输入大写或小写字母都可 */
26           printf("分数在 70 分以上 !\n");
27           break;
```

```
28          case 'D':
29          case 'd':  /* 输入大写或小写字母都可 */
30            printf("分数在 60 分以上！\n");
31            break;
32          case 'F':
33          case 'f':   /* 输入大写或小写字母都可 */
34            printf("你不及格！\n");
35            break;
36          default:    /* 其他字符则执行 default 指令 */
37            printf("没有此分数段\n");
38            break;
39      }
40
41      return 0;
42 }
```

执行结果（参考图 4-13）

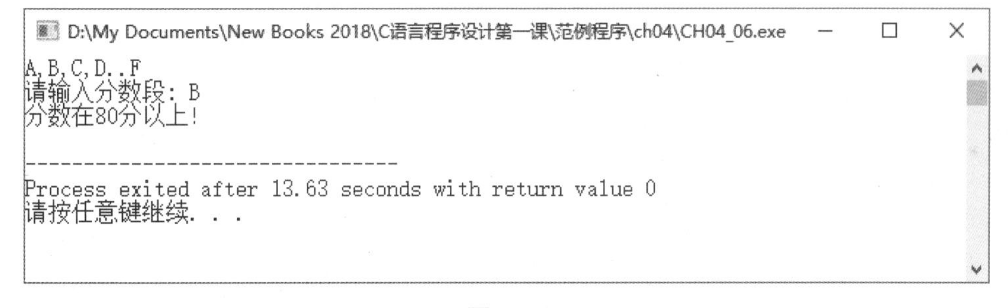
```
D:\My Documents\New Books 2018\C语言程序设计第一课\范例程序\ch04\CH04_06.exe
A,B,C,D..F
请输入分数段: B
分数在80分以上!

--------------------------------
Process exited after 13.63 seconds with return value 0
请按任意键继续. . .
```

图 4-13

程序说明

- 第 6 行：声明 ch 字符变量。
- 第 11 行：输入字符变量 ch。
- 第 13 行：根据输入的 select 变量值决定执行哪一行的 case 语句，但是每一个情况可用两条 case 语句来判断，而 break 指令代表的是直接跳出 switch 条件语句，不会执行下一条 case 语句。
- 第 36 行：如果输入的字符都不符合所有 case 条件，则会执行 default 后的程序语句区块。

4.3 综合范例程序 1——闰年计算器

设计一个 C 程序，使用 if else if 条件语句来执行闰年计算规则，让用户输入年份，然后判断是否为闰年，闰年计算的规则是“四年一闰，百年不闰，四百年一闰”。

闰年计算器

【范例程序：CH04_07.c】

```
01 #include <stdio.h>
02 #include <stdlib.h>
03
04 int main()
05 {
06     int year=0;
07      /* 声明整数变量 */
08     printf("请输入年份：");
09     scanf("%d", &year);   /* 输入年份 */
10
11     if(year % 4 !=0)    /* 如果 year 不是 4 的倍数 */
12        printf("%d 年不是闰年。\n",year);
                                /* 则显示 year 不是闰年 */
13     else if(year % 100 ==0)   /* 如果 year 是 100 的倍数 */
14         {
15             if(year % 400 ==0)        /* 且 year 是 400 的倍数 */
16                       printf("%d 年是闰年。\n",year);
17                /* 显示 year 是闰年 */
18                  else        /* 否则 */
19                       printf("%d 年不是闰年。\n",year);
20             /* 则显示 year 不是闰年 */
21            }
22    else   /* 否则 */
23       printf("%d 年是闰年。\n",year); /* 则显示 year 是闰年 */
24
```

```
25    return 0;
26 }
```

执行结果 »（参考图4-14）

```
D:\My Documents\New Books 2018\C语言程序设计第一课\范例程序\ch04\CH04_07.exe
请输入年份:2001
2001 年不是闰年。

--------------------------------
Process exited after 15.18 seconds with return value 0
请按任意键继续. . .
```

图 4-14

4.4 综合范例程序 2——简易计算器的制作

设计一个C程序，使用 switch 语句来完成简易的计算器功能，只要由用户输入两个浮点数，再输入 +、-、*、/ 四个值中的任意一值就可以计算出最后的结果，如果输入格式有误，就输出“表达式有误”。

简易计算器的制作

【范例程序：CH04_08.c】

```
01 /* 简易的计算器功能 */
02  #include <stdio.h>
03  #include <stdlib.h >
04
05  int main(void)
06  {
07         float a,b; /* 声明a,b为浮点数变量 */
08      char op_key;/* 声明op_key为字符变量 */
09
10         printf("请输入两个浮点数与+,-,*,/: , 如 200 * 30\n");
11
12         scanf("%f %c %f", &a,&op_key,&b);
                                          /* 输入字符并存入变量op_key*/
```

```
13
14     switch(op_key)
15     {
16      case '+':       /* 如果 op_key 等于 '+'*/
17                 printf("\n%.2f %c %.2f = %.2f\n", a,
                           op_key, b, a+b);
18                 break;         /* 跳出 switch*/
19           case '-':       /* 如果 op_key 等于 '-'*/
20                 printf("\n%.2f %c %.2f = %.2f\n", a,
                             op_key, b, a-b);
21                 break;         /* 跳出 switch*/
22       case '*':       /* 如果 op_key 等于 '*'*/
23           printf("\n%.2f %c %.2f = %.2f\n", a, op_key,
                     b, a*b);
24           break;       /* 跳出 switch*/
25           case '/':       /* 如果 op_key 等于 '/'*/
26           printf("\n%.2f %c %.2f = %.2f\n", a, op_key,
                    b, a/b);
27                 break;         /* 跳出 switch*/
28           default:    /* 如果 op_key 不等于 +-*/ 任何一个 */
29                 printf(" 表达式有误 \n");
30      }
31
32     return 0;
33 }
```

执行结果 （参考图 4-15）

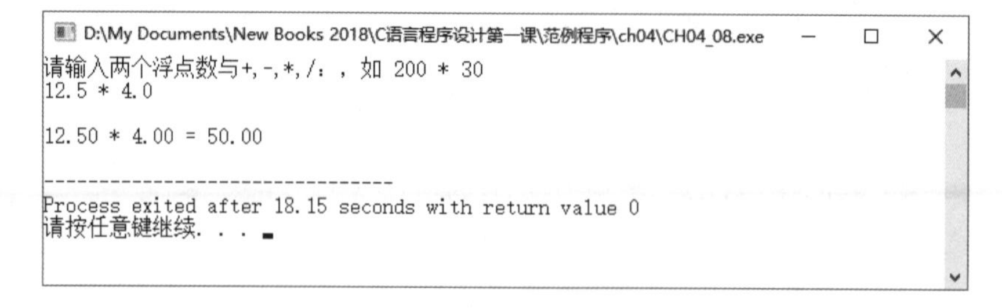
```
D:\My Documents\New Books 2018\C语言程序设计第一课\范例程序\ch04\CH04_08.exe
请输入两个浮点数与+,-,*,/：，如 200 * 30
12.5 * 4.0

12.50 * 4.00 = 50.00

--------------------------------
Process exited after 18.15 seconds with return value 0
请按任意键继续. . .
```

图 4-15

本章重点回顾

- 结构化程序设计的主要思想与模式就是将整个问题从上而下、由大到小逐步分解成较小的单元，这些单元称为模块。
- “结构化程序设计”包括三种流程控制结构：“顺序结构”“选择结构”以及“重复结构”。
- 顺序结构就是程序自上而下一条程序语句接一条程序语句，没有任何转折地执行指令。
- 选择结构是一种条件控制语句，包含一个条件判断表达式，如果条件为真，就执行某些语句，如果条件为假，就执行另一些语句。
- C 语言中提供了三种条件控制语句：if、if else 和 switch。
- 在 switch 条件语句中，首先求出表达式的值（这个结果值只能是字符或整数常数），再将此值与 case 的常数值进行对比。
- 在每条 case 语句最后都必须加上一条 break 指令。

课后习题

填空题

1. 结构化程序设计的主要思想与模式就是将整个问题从上而下、由大到小逐步分解成较小的单元，这些单元称为________。

2. 在每条 case 语句最后都必须加上一条________指令。

3. “结构化程序设计”包括三种流程控制结构：“________”“________”以及“________”。

4. 每一行程序语句都必须加上________作为结束。

5. 在条件判断复杂的情况下，有时会出现 if 条件语句所包含的复合语句中又有另外一层的 if 条件语句，称作________if 条件语句。

6. 在 switch 条件语句中，首先求出表达式的值（这个结果值只能是

________或________），再将此值与 case 的常数值进行对比。

7. 在 switch 程序语句区内找不到符合的判断值就会执行______指令。

问答与实践题

1. 下面这个代码段有什么错误？

```
01 if(y == 0)
02     printf("除数不得为 0\n");
03     exit(1);
04 else
05     printf("%.2f", x / y);
```

2. 结构化程序设计分为哪三种基本流程结构？

3. 试说明 default 指令的功能。

4. 什么是嵌套 if 条件语句？试说明之。

5. switch 条件表达式的结果必须是什么数据类型？

6. 以下程序代码片段哪里出了问题？试修改之。

```
01  if(a < 60)
02       if( a < 58)
03       printf("成绩低于 58 分，不合格\n");
04  else
05       printf("成绩高于 60，合格！");
```

7. 以下程序代码中的 else 指令是配合的哪一条 if 语句？试说明之。

```
if (number % 3 == 0)
   if (number % 7 == 0)
      printf("%d是 3 与 7 的公倍数\n",number);
   else
      printf("%d不是 3 的倍数\n",number);
```

第 5 章

循环流程控制

本章重点

1. for 循环
2. for 嵌套循环
3. while 循环
4. do while 循环
5. break 指令
6. continue 指令
7. goto 指令

C 语言的重复结构主要谈到的是循环控制的功能，根据所设立的条件，重复执行某一段程序语句，直到条件判断表达式不成立才会跳出循环。例如，想要让计算机计算出 1+2+3+4+…+10 的值，在程序代码中并不需要我们大费周章地从 1 累加到 10，这时只需要使用循环结构就可以轻松完成这项工作。C 语言的循环结构按照结束条件的位置不同可以分为两种，分别是前测试型循环与后测试型循环，如图 5-1 所示。

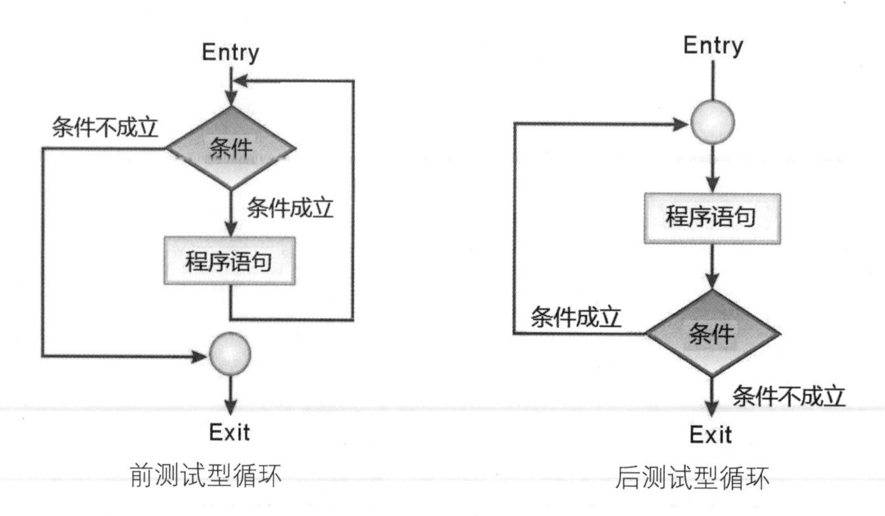

图 5-1

C 语言提供了 for、while 和 do while 三种循环语句来实现重复结构。前两种属于前测试型循环，do while 属于后测试型循环，无论是哪一种循环主要都是由以下两个基本要件所组成的。

（1）循环的执行主体，由程序语句区块组成。

（2）循环的条件判断，是决定循环何时停止执行的依据。

5.1 for 循环

for 循环又称为计数循环，是程序设计中较常使用的一种循环形式，可以重复执行固定次数的循环，不过必须事先设置循环控制变量的起始值、循环执行的条件判断式以及控制变量更新的增减值三个部分。语法格式如下：

```
for(控制变量的起始值；循环执行的条件判断表达式；控制变量增减值)
```

```
{
        程序语句；
}
```

for 循环的执行步骤说明如下：

（1）设置控制变量的起始值。

（2）如果条件判断表达式为真，就执行 for 循环内的语句。

（3）执行完成之后，增加或减少控制变量的值，可根据实际的需求进行控制，再重复步骤（2）。

（4）如果条件判断表达式为假，就跳离 for 循环。

图 5-2 为 for 循环的执行流程图。

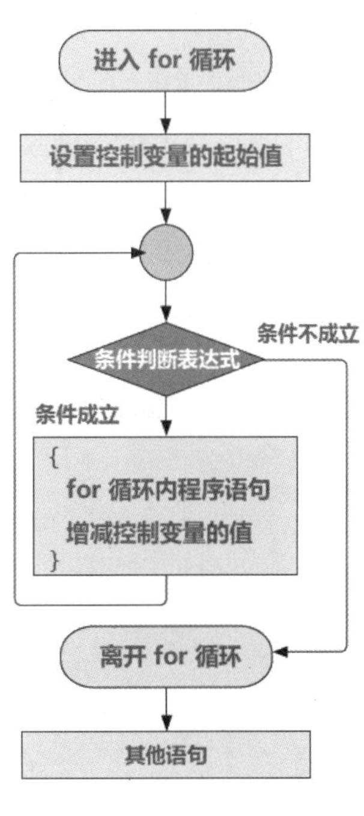

图 5-2

for 循环的作用是使用一个控制变量来让 for 循环重复执行特定的次数，直到结束条件成立时 for 程序区块就会终止执行。例如，下面的 C 语言程序代码是很典型的使用 for 循环来计算 1 累加到 10 的程序片段，从 i=1 开始，当 i<=10 时，就会执行 for 循环程序语句区块内的语句，也就是 sum=sum+i，直到 i>10 时才会跳离循环，而后输出 sum 的值。由于程序语句区块内只有 sum=sum+i 一行语句，所以我们也可以省略左右大括号：

```
int i,sum;

for (i=1,sum=0; i<=10 ; i++)   /* 控制变量的起始值，设置两个变量 */
{
    sum=sum+i;
}
printf("1+2+3+...+10=%d\n", sum);
```

for 循环虽然具有很大的弹性，但是使用时务必要设置每层跳离循环的条件，如果 for 循环无法满足条件判断表达式结束的条件，就会永无止境地执行，这种不会结束的循环称为“无限循环”或“死循环”。无限循环在一些程序的特定功能上有时也会发挥某些作用，例如在某些程序中的暂停操作（有些游戏执行时）。

数字累加计算

【范例程序：CH05_01.c】

下面的范例程序是使用 for 循环来计算 1 加到 10 的累加值，我们特别在循环外设置了控制变量的起始值，所以 for 循环中只有两个表达式，不过循环内的分号一定不可省略。

```
01 #include <stdio.h>
02 #include <stdlib.h>
03
04 int main(void)
05 {
06     int i=1,sum=0; /* 循环外设置控制变量的起始值 */
07
08         for (;i<=10;i++)   /* 定义 for 循环 */
09       sum=sum+i;     /*sum=sum+i*/
10
11     printf("1+2+3+...+10=%d\n", sum);   /* 输出 sum 的值 */
12
13     return 0;
14 }
```

执行结果 »（参考图 5-3）

```
D:\My Documents\New Books 2018\C语言程序设计第一课\范例程序\ch05\CH05_01.exe
1+2+3+...+10=55

--------------------------------
Process exited after 0.1583 seconds with return value 0
请按任意键继续. . .
```

图 5-3

程序说明 »

- 第 8~9 行：for 循环定义中，少了设置控制变量的起始值，不过分号不可省略，当循环重复条件 i 小于等于 10 时，则执行第 9 行将 i 的值累加到 sum 变量，然后 i 的递增值为 1，直到当 i 大于 10 时才会离开 for 循环。
- 第 11 行：输出 sum 的值。

在此我们要补充说明有关第 8~9 行 for 循环的写法，还可以有些改变，例如 for 循环语句可以简化为单行：

```
for (i=1 ; i<=10 ; sum+=i++);    /* 将累加语句合并到 for 循环 */
```

我们也可以放入多个运算符子句，不过它们之间必须以逗号“,”来分隔，例如：

```
for (i=1, sum=1 ; i<=10 ; i++, sum+=i);
                                      /* 合并运算符句到 for 循环 */
```

for 嵌套循环

接下来为大家介绍一种 for 的嵌套循环（nested loop），也就是多层的 for 循环结构。在嵌套 for 循环结构中，执行流程必须先等内层循环执行完毕才会逐层继续执行外层循环。例如，两层的嵌套 for 循环结构格式如下：

for(控制变量的起始值 1; 循环重复条件表达式 ; 控制变量增减值)

```
{
 程序语句;


for(控制变量的起始值2; 循环重复条件表达式; 控制变量增减值)
 程序语句;

 }
}
```

九九乘法表

【范例程序：CH05_02.c】

下面的范例程序使用两层嵌套 for 循环来设计与输出九九乘法表，其中 i 为外层循环的控制变量、j 为内层循环的控制变量。

```
01 #include<stdio.h>  /* 双层嵌套循环的范例 */
02 #include<stdlib.h>
03
04 int main()
05  {
06    int i,j; /* 声明i,j为整数变量 */
07
08    /* 九九乘法表的嵌套循环 */
09    for(i=1; i<=9; i++)            /* 外层循环 */
10   {
11         for(j=1; j<=9; j++)   /* 内层循环 */
12     {
13              printf("%d*%d=",i,j); /* 输出i与j的值 */
14              printf("%d\t ",i*j);  /* 输出i*j的值 */
15         }
16          printf("\n");
17     }
18
19      return 0;
```

```
20 }
```

执行结果 （参考图 5-4）

```
D:\My Documents\New Books 2018\C语言程序设计第一课\范例程序\ch05\CH05_02.exe
1*1=1   1*2=2   1*3=3   1*4=4   1*5=5   1*6=6   1*7=7   1*8=8   1*9=9
2*1=2   2*2=4   2*3=6   2*4=8   2*5=10  2*6=12  2*7=14  2*8=16  2*9=18
3*1=3   3*2=6   3*3=9   3*4=12  3*5=15  3*6=18  3*7=21  3*8=24  3*9=27
4*1=4   4*2=8   4*3=12  4*4=16  4*5=20  4*6=24  4*7=28  4*8=32  4*9=36
5*1=5   5*2=10  5*3=15  5*4=20  5*5=25  5*6=30  5*7=35  5*8=40  5*9=45
6*1=6   6*2=12  6*3=18  6*4=24  6*5=30  6*6=36  6*7=42  6*8=48  6*9=54
7*1=7   7*2=14  7*3=21  7*4=28  7*5=35  7*6=42  7*7=49  7*8=56  7*9=63
8*1=8   8*2=16  8*3=24  8*4=32  8*5=40  8*6=48  8*7=56  8*8=64  8*9=72
9*1=9   9*2=18  9*3=27  9*4=36  9*5=45  9*6=54  9*7=63  9*8=72  9*9=81

--------------------------------
Process exited after 0.1409 seconds with return value 0
请按任意键继续. . .
```

图 5-4

程序说明

- 第 9 行：外层 for 循环控制 i 输出，只要 i<=9，就继续执行第 10~17 行的程序语句。
- 第 11 行：内层 for 循环控制 j 输出，只要 j<=9，就继续执行第 12~15 行的程序语句。
- 第 13 行：输出 i、j 的值。
- 第 14 行：输出 i*j 的值。

5.2 while 循环

如果所要执行的循环次数确定，那么使用 for 循环语句就是最佳的选择。对于某些不确定次数的循环，while 循环就可以派上用场了。while 循环语句与 for 循环语句类似，都属于前测试型循环。前测试型循环的工作方式就是在程序语句区块开始部分先检查条件判断表达式，当判断式结果为真时才会执行程序区块内的语句。

while 循环内的语句可以是一条语句或者多条语句形成的程序区块。同样地，如果有多条语句在循环中执行，就要使用大括号括住它们。while 循环必须自行加入控制变量的起始值以及递增或递减表达式，否则如果条件判断表达式永远成立就会造成无限循环。while 语法如下：

```
while(条件判断式)
{
  程序语句区块;
}
```

图 5-5 是 while 循环语句执行的流程图。

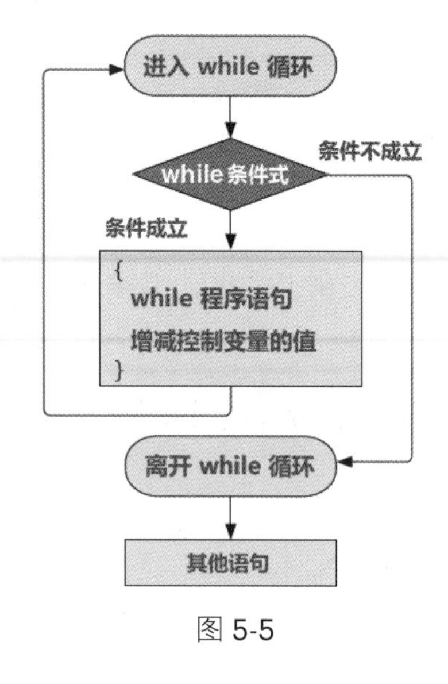

图 5-5

正因数分解

【范例程序：CH05_03.c】

下面的范例程序使用 while 循环来求出用户所输入整数的所有正因数，例如输入整数 8，正因数有 1、2、4、8。

```
01 #include <stdio.h>
02 #include <stdlib.h>
03
04 int main()
```

```
05 {
06     int a=1,n;
07
08         printf("请输入一个数字：");
09       scanf("%d", &n);/* 输入一个整数 */
10
11         printf("%d的所有因数为 :",n);
12
13     while(a<=n)          /* 定义while循环，且设置条件为a<=n*/
14     {
15        if(n%a==0)        /* 当n能够被a整除时，a就是n的因数 */
16        {                 /* 就执行if内的程序语句 */
17          printf("%d ",a);
18                 if(n!=a)
19                 printf(",");/* 以，来分隔 */
20        }
21        a++;    /*a值递增1*/
22     }
23
24     printf("\n");
25
26     return 0;
27 }
```

执行结果 »（参考图5-6）

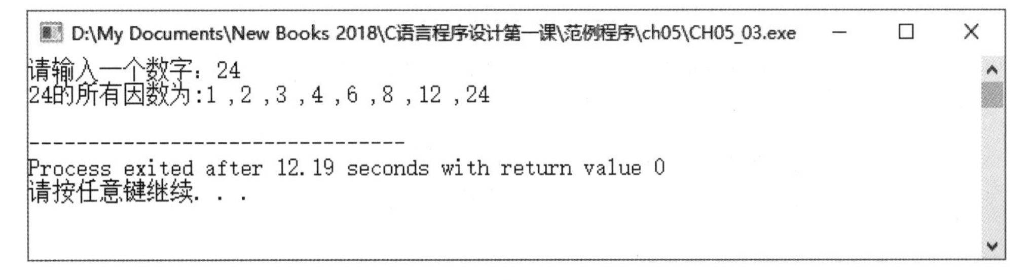
```
D:\My Documents\New Books 2018\C语言程序设计第一课\范例程序\ch05\CH05_03.exe
请输入一个数字：24
24的所有因数为:1 ,2 ,3 ,4 ,6 ,8 ,12 ,24

--------------------------------
Process exited after 12.19 seconds with return value 0
请按任意键继续. . .
```

图5-6

程序说明 »

- 第6行：声明a、n为整数变量，a的初始值设置为1。

- 第 9 行：输入一个整数 n。
- 第 13 行：定义 while 循环，且设置条件为 a<=n 时执行第 14~22 行的程序区块。
- 第 15 行：当 n 能够被 a 整除时，a 就是 n 的因数，执行第 16~20 行的程序区块。
- 第 18~19 行：假如 n 不等于 a，打印输出“,”。
- 第 21 行：a 值递增 1。

判断循环执行次数

【范例程序：CH05_04.c】

当某数的数值是 100 时，依次减去 1,2,3,4…，直到减到哪一个数时相减的结果开始为负数？因为不清楚循环要执行多少次，所以这种情况很适合使用 while 循环来实现。

```
01 #include<stdio.h>
02 #include<stdlib.h>
03
04 int main()
05 {
06     int x=1, sum=100; /* 声明 x,sum 两个整数变量 */
07
08     while(sum>=0)       /* while 循环 */
09   {
10         sum=sum-x;      /* sum 开始减去 x,x=1,2,3...*/
11         x++;            /* x 递增 1 */
12     }
13
14     printf("x=%d\n",x-1); /* 之前预先加 1 了 */
15
16     return 0;
17 }
```

执行结果 （参考图 5-7）

```
D:\My Documents\New Books 2018\C语言程序设计第一课\范例程序\ch05\CH05_04.exe
x=14

--------------------------------
Process exited after 0.1058 seconds with return value 0
请按任意键继续. . .
```

图 5-7

程序说明

- 第 6 行：声明 x、sum 两个整数变量，并分别设置初始值。
- 第 8 行：定义 while 循环，且设置条件 sum>=0 时，执行第 9~12 行的程序区块。
- 第 10 行：sum 开始减去 x，x=1,2,3...。
- 第 11 行：由于这里已经加 1，因此必须要在后面还原（减 1）。

do while 循环

do while 循环语句与 while 循环语句算得上是双胞胎，或者可以看成是 while 循环的另一种变形。我们知道 while 循环只有在条件判断表达式成立下才会执行，否则无法让循环内的程序区块被执行。不过，do while 循环内的程序区块，无论如何至少会被执行一次，所以称之为后测试型循环。do while 循环语句的语法格式如下：

```
do
{
  程序语句区块；
}
while （条件判断表达式）；        // 请记得加上；号
```

图 5-8 为 do while 语句执行的流程图。

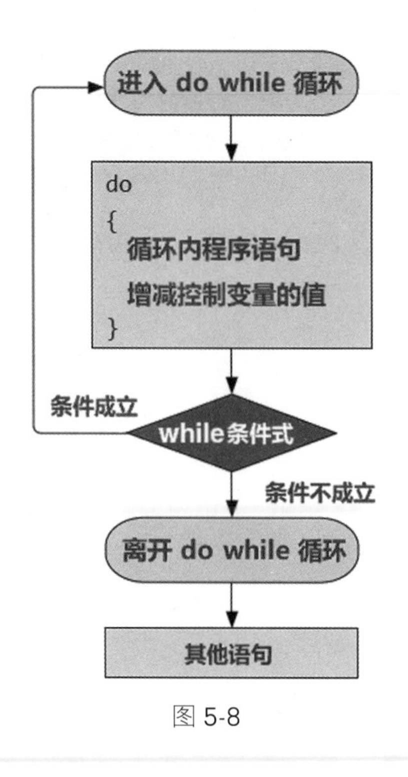

图 5-8

数字反向输出

【范例程序：CH05_05.c】

下面的范例程序使用 do while 循环，让用户输入一个整数，并将此整数的每一个数字反向输出，例如输入 12345，程序就会输出 54321。

```
01 #include<stdio.h>
02 #include<stdlib.h>
03
04 int main(void)
05 {
06     int n;
07
08     printf("请输入任意一个整数：");
09     scanf("%d",&n); /* 输入整数 n */
10
11    printf("反向输出的结果：");
12
```

```
13    /* do while 循环 */
14    do {
15          printf("%d",n%10);/* 求出余数值 */
16          n=n/10; /* 从个位数开始逐步往前一位 */
17    }  while (n!=0); /* 条件判断表达式 */
18
19    printf("\n"); /* 换行 */
20
21    return 0;
22 }
```

执行结果 »（参考图 5-9）

```
D:\My Documents\New Books 2018\C语言程序设计第一课\范例程序\ch05\CH05_05.exe
请输入任意一个整数:12345
反向输出的结果:54321

--------------------------------
Process exited after 13.66 seconds with return value 0
请按任意键继续. . .
```

图 5-9

程序说明 »

- 第 6 行：声明整数变量 n。
- 第 9 行：输入整数 n。
- 第 14 行：定义 do while 循环，且设置条件 n!=0 时执行第 15~16 行的程序区块，无论如何至少会被执行一次。
- 第 17 行：do while 循环的条件判断表达式，n==0 时会跳出循环。

5.3 流程跳离指令

对于一个使用基本流程控制写出的结构化设计程序，有时会出现一些特别的需求，例如必须临时中断或是想让循环提前结束，这时可以使用 break 或 continue 指令，甚至于想要将程序流程直接改变到任何想要的位置，也可

以使用 goto 指令来实现。不过这种跳离指令很容易造成程序代码可读性的降低，大家在使用上必须相当小心。

5.3.1 break 指令

break 指令就像它的英文意义一样，代表“中断”的意思，主要用途是用来跳离最近一层的 for、while、do while 以及 switch 语句本体程序区块，并将控制权交给所在程序区块之外的下一行程序。需要特别注意的是，如果 break 不是出现在 for、while 循环中或 switch 语句中，就会发生编译错误。当遇到嵌套循环时，break 指令只会跳离最近的一层循环体，而且多半会配合 if 语句来使用，语法格式如下：

```
break;
```

break 指令的应用

【范例程序：CH05_06.c】

在下面的范例程序中，for 循环是从 1 执行到 100，我们要使用 break 指令来计算 1+3+5+7+…+77 的总和。

```
01 #include <stdio.h>
02 #include <stdlib.h>
03
04 int main()
05 {
06     int i,sum=0;/* 声明 i,sum 为整数变量 */
07
08     for(i=1; i<=100; i=i+2)/* i=1,3,5,7..*/
09       {
10     if(i==79)
11          break;/* 跳出循环 */
12           sum+=i; /* sum=sum+i */
13
14     }
```

```
15    printf("1~77 的奇数总和 :%d\n",sum);
16
17    return 0;
18 }
```

执行结果 »（参考图 5-10）

```
D:\My Documents\New Books 2018\C语言程序设计第一课\范例程序\ch05\CH05_06.exe
1~77的奇数总和:1521

--------------------------------
Process exited after 0.09932 seconds with return value 0
请按任意键继续. . .
```

图 5-10

程序说明 »

- 第 6 行：声明 i、sum 为整数变量，并设置 sum 的初始值为 0。
- 第 8 行：for 循环中 i 从 1 执行到 100，每执行完一次循环后将 i 变量累加 2。
- 第 10 行：当 i==79 时，强制中断 for 循环。
- 第 12 行：sum=sum+i。
- 第 15 行：输出累加后的结果 sum。

5.3.2 continue 指令

和 break 指令的跳出循环相比，最大的差异在于 continue 只是忽略循环体内后续未执行的语句，并未跳离该循环体。也就是说，如果想要终止的不是整个循环，而是在某个特定的条件下中止某一轮次循环的执行，就可以使用 continue 指令。

continue 指令只会直接略过循环体内后续尚未执行的程序代码，并跳至循环区块的开头继续下一轮循环，而不会直接离开循环体。语法格式如下：

```
continue;
```

让我们用下面这个求 1+3+5+7+9 的例子来说明：

```
01 int  i,total=0;
02 for (i = 0; i <10; i++)
03 {
04    if (i%2 == 0)
05       continue;
06    total=total+i;
07 }
08 printf ("total=%d\n",total);
```

在这个例子中，我们使用 for 循环来累加 1~10 中所有奇数的和，当 i 等于偶数时，i %2==0 这个条件为真（true），这时使用 continue 指令来跳过这一轮次的循环，如果不是，则执行 total=total+i 累加运算，所以最后 total 的值等于 1+3+5+7+9 的结果。

continue 指令的应用

【范例程序：CH05_07.c】

下面的范例程序使用嵌套 for 循环与 continue 指令来设计如下的内容显示

```
1
12
123
1234
12345
123456
1234567
1234567
12345679
```

```
01 #include <stdio.h>
02 #include <stdlib.h>
03
```

```
04 int main()
05 {
06     int a,b; /* 声明a,b为整数变量 */
07     for(a=1; a<=9; a++)      /* 外层for循环控制y轴输出 */
08     {
09         for(b=1; b<=a; b++)   /* 内层for循环控制x轴输出 */
10         {
11         if(b == 8)    /* 跳离这层循环 */
12             continue;
13               printf("%d ",b);  /* 输出b的值 */
14             }
15         printf("\n");
16     }
17
18     return 0;
19 }
```

执行结果 »（参考图5-11）

```
D:\My Documents\New Books 2018\C语言程序设计第一课\范例程序\ch05\CH05_07.exe
1
1 2
1 2 3
1 2 3 4
1 2 3 4 5
1 2 3 4 5 6
1 2 3 4 5 6 7
1 2 3 4 5 6 7
1 2 3 4 5 6 7 9

--------------------------------
Process exited after 0.09662 seconds with return value 0
请按任意键继续. . .
```

图5-11

程序说明 »

- 第6行：声明a、b为整数变量。
- 第7行：外层for循环控制y轴方向输出。
- 第9行：内层for循环控制x轴方向输出。
- 第11行：假如b==8时，continue指令会跳过当前轮次的循环，重新从下一轮循环开始执行，也就是不会输出 8 的数字。

- 第 13 行：输出 b 的值。

5.3.3 goto 指令

goto 指令可以将程序流程直接改变到程序的任何一处。虽然 goto 指令十分方便，但很容易造成程序流程的混乱，将来维护上会十分困难。在结构化程序设计的思路下，还是应该使用 if、switch、while、continue 等指令来控制程序的流程，我们强烈建议大家尽量不要使用 goto 指令。goto 指令的用法如下：

```
goto 标号名称；
.
.
.
标号名称：
```

goto 指令的应用

【范例程序：CH05_08.c】

下面的范例程序主要用来说明 goto 指令的使用方式，其中分别设置了三个标号，通过 if 语句的判断，只要程序执行到所搭配的 goto 指令，就会跳至该标号所处的语句区块，继续往下执行。

```
01 #include <stdio.h>
02 #include <stdlib.h>
03
04 int main(void)
05 {
06     int score;
07
08     printf("请输入本次考试成绩：");
09     scanf("%d",&score);
10
```

```
11      if ( score>=60 )
12            goto pass;
13            /* 找到标号名称为 pass 的程序语句继续执行程序 .*/
14      else
15            goto nopass;
16             /* 找到标号名称为 nopass 的程序语句继续执行程序 .*/
17
18      pass:              /*pass 标号 */
19          printf("\n 恭喜你！成绩及格了！\n");
20          goto TheEnd; /* 找到标号名称为 TheEnd 的程序语句继续
                          执行程序 */
21
22      nopass:            /*nopass 标号 */
23          printf("\n 很抱歉！成绩不及格！\n");
24
25      TheEnd:  /*TheEnd 标号 */
26            printf(" 程序执行完毕！\n\n");
27
28     return 0;
29 }
```

执行结果 »（参考图 5-12）

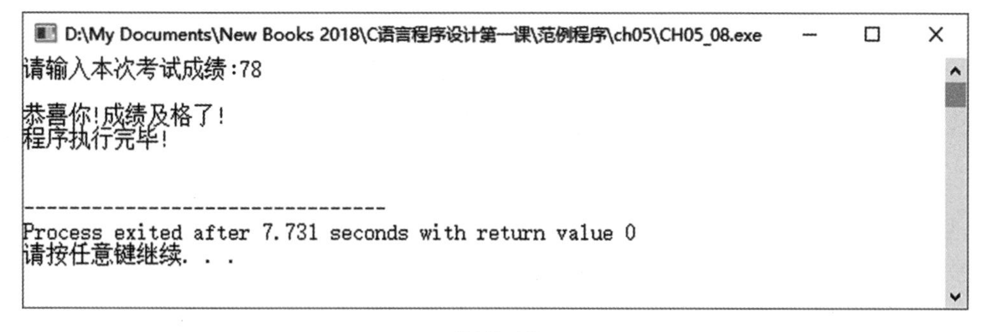
D:\My Documents\New Books 2018\C语言程序设计第一课\范例程序\ch05\CH05_08.exe

```
请输入本次考试成绩:78

恭喜你!成绩及格了!
程序执行完毕!


--------------------------------
Process exited after 7.731 seconds with return value 0
请按任意键继续. . .
```

图 5-12

程序说明 »

- 第 6 行：声明 score 整数变量。
- 第 9 行：输入考试成绩 score。
- 第 11 行：假如 score>=60，找到标号名称为 pass 的程序语句继续执行程序。

- 第 14 行：假如 score<60，找到标号名称为 nopass 的程序语句继续执行程序。
- 第 18 行：pass 标号声明。
- 第 20 行：找到标号名称为 TheEnd 的程序语句继续执行程序。
- 第 22 行：nopass 标号声明。
- 第 25 行：TheEnd 标号声明。

5.4 综合范例程序 1——求解最大公约数

相信大家都听过辗转相除法可以用来求两个整数的最大公约数（或称为最大公因数）。请使用 while 循环来设计一个 C 语言程序，求所输入的两个整数的最大公约数（g.c.d）。

求解最大公约数

【范例程序：CH05_09.c】

```
01 #include <stdio.h>
02 #include <stdlib.h>
03
04 int main(void)
05 {
06        int Num1, Num2,TmpNum;  /* 声明 3 个整数变量 */
07
08        printf("求两个整数的最大公约数(g.c.d):\n");
09        printf("请输入两个整数:");
10
11        scanf("%d %d",&Num1,&Num2); /* 输入两个整数 */
12
13        if (Num1 < Num2)
14        {
15             TmpNum=Num1;
16             Num1=Num2;
17             Num2=TmpNum;  /* 找出两数较大值 */
```

```
18         }
19
20         while (Num2 != 0)
21         {
22             TmpNum=Num1 % Num2;    /* 求两数的余数值 */
23             Num1=Num2;
24             Num2=TmpNum; /* 辗转相除法 */
25         }
26
27         printf("----------------------------\n");
28         printf("最大公约数(g.c.d)=%d\n",Num1);
29     printf("----------------------------\n");
30
31     return 0;
32 }
```

执行结果（参考图 5-13）

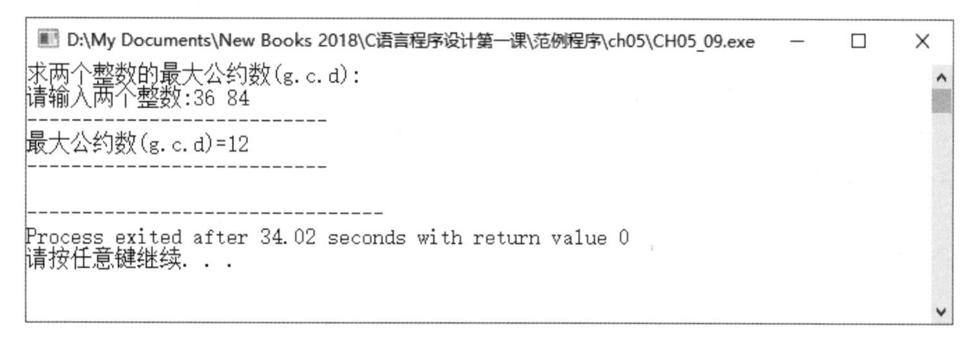
```
D:\My Documents\New Books 2018\C语言程序设计第一课\范例程序\ch05\CH05_09.exe
求两个整数的最大公约数(g.c.d):
请输入两个整数:36 84
--------------------------
最大公约数(g.c.d)=12
--------------------------

--------------------------------
Process exited after 34.02 seconds with return value 0
请按任意键继续. . .
```

图 5-13

5.5 综合范例程序 2——密码验证器

设计一个 C 语言程序能够让用户输入密码，并且进行简单的密码验证工作，不过输入次数以三次为限，超过三次则不准登录，假设目前密码为 3388。

密码验证器

【范例程序：CH05_10.c】

```
01 #include <stdio.h>
02 #include <stdlib.h>
03
04 int main(void)
05 {
06     int i=1,new_pw,password=3388;/* 使用password变量来存储
                                        密码以供验证 */
07
08         while(i<=3)                    /* 输入次数以三次为限 */
09         {
10         printf("请输入密码:");
11             scanf("%d", &new_pw); /*  输入整数密码  */
12
13              if (new_pw != password)   /* 如果输入的密码与
                                              password不同 */
14              {
15                    printf("密码发生错误!!\n");
16                    i++;
17                    continue;               /* 跳回while开始处 */
18              }
19              printf("密码正确!!\n ");     /* 密码正确 */
20              break;
21           }
22         if (i>3)
23              printf("密码错误三次，取消登录!!\n");
                                               /*  密码错误处理  */
24
25     return 0;
26 }
```

执行结果 »（参考图 5-14）

```
D:\My Documents\New Books 2018\C语言程序设计第一课\范例程序\ch05\CH05_10.exe
请输入密码:1235
密码发生错误!!
请输入密码:3388
密码正确!!

--------------------------------
Process exited after 29.74 seconds with return value 0
请按任意键继续. . .
```

图 5-14

本章重点回顾

- C语言的重复结构主要谈到的是循环控制的功能，根据所设立的条件，重复执行某一段程序语句，直到条件判断表达式不成立才会跳出循环。
- 在C语言中提供了for、while和do while三种循环语句来实现重复结构。
- for循环又称为计数循环，可以重复执行固定次数的循环，不过必须事先设置循环控制变量的起始值、循环执行的条件判断表达式与控制变量更新的增减值三个部分。
- 在嵌套for循环结构中，执行流程必须先等内层循环执行完毕才会逐层继续执行外层循环。
- 前测试型循环的工作方式就是在程序语句区块开头时必须先检查条件判断表达式，当条件判断表达式结果为真时才执行程序区块内的语句。
- break指令就像它的英文意义一样，代表“中断”的意思，主要用途是用来跳离最近一层的for、while、do while以及switch语句本体程序区块，并将控制权交给所在程序区块之外的下一行程序。
- 和break指令的跳出循环相比，continue指令与break指令的差异在于：continue只是忽略本轮循环后续未执行的程序语句，但并未跳离该层循环。
- goto指令可以将程序流程直接改变到程序的任何一处。虽然goto指令十分方便，但很容易造成程序流程的混乱，将来维护上会十分困难。

课后习题

填空题

1. ______又称为计数循环，可以重复执行固定次数的循环。

2. ______指令的主要用途是跳离最近一层的 for、while、do while 以及 switch 语句本体程序区块，并将控制权交给所在程序区块之外的下一行程序。

3. ____指令可以将程序流程直接改变到程序的任何一处。

4. 在 C 语言中提供了 for、while 和_____三种循环语句来实现重复结构。

5. 永无止境地被执行，这种不会结束的循环称为______循环。

问答与实践题

1. 试说明 while 循环与 do while 循环的差异。

2. 试问下列程序代码中最后的 k 值是多少。

```
01  int k=10;
02  while(k<=25)
03  {
04      k++;
05  }
06  printf("%d"k);
```

3. 下面的代码段有什么错误？

```
01  n=45;
02  do
03      {
04          printf("%d",n);
05          ans*=n;
06          n--;
```

```
07  } while(n>1)
```

4. 简述 for 循环的用法。

5. 简述 break 指令与 continue 指令的最大差异。

6. 试比较下面两段循环程序代码的执行结果：

(a)

```
for(int i=0;i<8;i++)
{
 System.out.printf ("%d", i);

 if(i==5)
        break;
}
```

(b)

```
for(int i=0;i<8;i++)
{
 System.out.printf ("%d", i);

 if(i==5)
        continue;
}
```

7. 试说明你对 goto 指令的看法。

第6章

数组与字符串

本章重点

1. 一维数组
2. 二维数组
3. 多维数组
4. 字符串声明
5. 字符串数组

数组（array）属于C语言中的一种扩展数据类型，最适合存储一连串相关的数据，我们可以把数组看作一群具有相同名称与数据类型的集合，并且在内存中占有一块连续的存储空间。例如，班上有50位学生，如果按照以前的方法，是不是得声明50个变量才能记录所有学生的成绩？若是如此，光是变量名称的声明就够我们头痛了。数组的概念就是按批次来处理变量，使用数组来存储数据，以有效避免上述问题。

在C语言中并没有字符串这样的基本数据类型，而是使用字符数组来表示，因此字符串与数组的关系称得上是相当密切。在本章中，我们将一并讨论如何使用数组处理字符与字符串的各种应用。

6.1 数组简介

在C语言中，一个数组元素可以表示成一个“数组名”和“索引”（索引也称为“下标”）。在编写程序时，只要使用数组名配合索引值（index），就可以处理一组相同类型的数据。我们不妨将数组想象成被安排在计算机内存中的信箱，每个信箱都有固定的住址，其中路名就是数组名，信箱号码就是索引（参考图6-1）。通常数组的使用可以分为一维数组、二维数组与多维数组，基本的工作原理都相同。

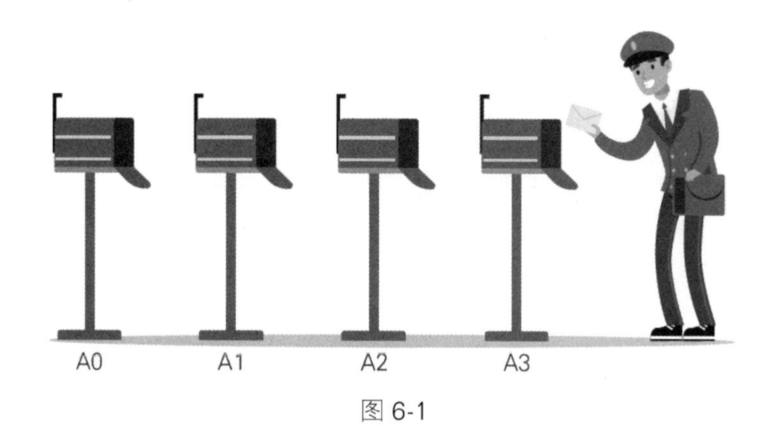

图6-1

6.1.1 一维数组

一维数组（one-dimensional array）是最基本的数组结构，只会用到一个索引值，它可以存放多个相同类型的数据。数组也和一般变量一样，必须事先声明，这样编译时才能分配到连续的内存空间。在 C 语言中，一维数组的声明语法如下：

```
数据类型  数组名 [ 数组长度 ];
```

当然也可以在声明时直接设置初始值：

```
数据类型  数组名 [ 数组长度 ] = { 初始值 1, 初始值 2,…};
```

- 数据类型：数组中所有的数据都是此数据类型，例如 C 的基本数据类型（如 int、float、double、char 等）。
- 数组名：数组中所有数据的共同名称，其命名规则与变量相同。
- 数组长度：代表数组中有多少个元素，是一个正整数常数。
- 初始值：在数组中设置初始值时，需要用大括号和逗号来分隔。

例如，在 C 中定义如下的一维数组，数组中各元素间的关系如图 6-2 所示：

```
int Score[5];
```

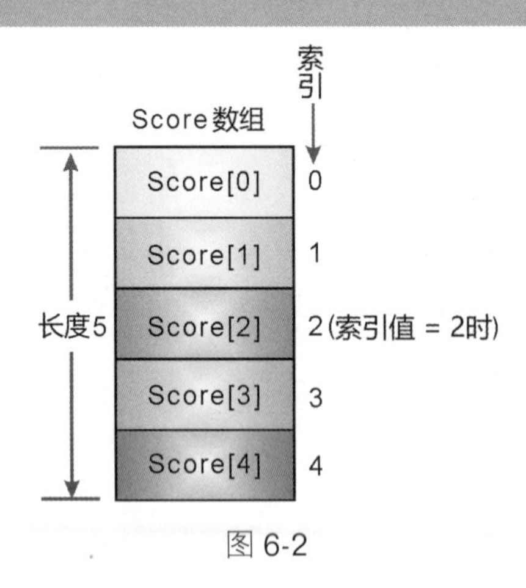

图 6-2

在 C 中，数组的第一个元素索引值是从 0 开始的，对于定义好的数组，可以通过索引值来存取数组中的元素。当声明数组后，可以如同将数值赋值给一般变量一样，把数值赋值给数组中的每一个元素，例如把数值赋给数组中的第 1 和 2 个元素，语句如下：

```
Score[0]=75;
Score[1]=80;
```

如果这样的数组代表5位学生的成绩，而在程序中需要输出第2位学生的成绩，可以如下表示：

```
printf("第2位学生的成绩:%d",Score[1]);    /* 索引值为1 */
```

下面举几个一维数组的声明实例：

```
int a[5]; /* 声明一个int类型的数组a，a中可以存放5个元素 */
long b[3];/* 声明一个long类型的数组b，b可以存放3个元素 */
char name[15] /* 声明字符数组name，可以存放15个元素 */
```

在定义一维数组时，如果没有指定数组元素的个数，那么编译器会自动将数组长度定为初始值的个数。例如，在下面定义数组arr初值的方式中，该数组元素的个数会被自动设置成5：

```
int Temp[]={1, 2, 3, 4, 5};
```

在设置数组初始值时，如果设置的初始值个数少于数组定义时的元素个数，那么其余的元素将被自动设置为0。例如：

```
int Score[5]={68, 84, 97};
```

以下方式会将数组中所有元素都设置为同一个数值：

```
int item[5]={0};  /* item数组中所有元素初值都为0 */
```

此外，两个数组间不可以直接用赋值运算符“=”互相赋值，只有数组元素之间才能互相赋值。例如：

```
int Score1[5],Score2[5];
Score1=Score2;              /* 错误的语法 */
Score1[0]=Score2[0];        /* 正确 */
```

累加数组元素

【范例程序：CH06_01.c】

下面的范例程序将一维数组 arr 中所有元素的值累加起来，并输出每个元素值与最后累加的结果。

```
01 #include <stdio.h>
02 #include <stdlib.h>
03
04 int main(void)
05 {
06
07     int arr[10]={11,2,33,4,51,6,17,80,9,60};
                                  /* 声明 arr 数组，并设置初始值 */
08     int i,sum=0; /* 声明 i 和 sum 为整数变量 */
09
10      for (i=0;i<10;i++)
11      {
12              printf("%d",arr[i]);
13              if(i<9)
14                     printf(" + ");  /* 最后一个元素后面不用
                                          输出 + 号 */
15              sum = sum + arr[i];    /* 将数组中的每个元素累加到
                                          sum */
16      }
17
18      printf(" = %d\n",sum);   /* 输出累加后的结果 */
19
20      return 0;
21 }
```

执行结果（参考图 6-3）

```
D:\My Documents\New Books 2018\C语言程序设计第一课\范例程序\ch06\CH06_01.exe
11 + 2 + 33 + 4 + 51 + 6 + 17 + 80 + 9 + 60 = 273

--------------------------------
Process exited after 0.1303 seconds with return value 0
请按任意键继续. . .
```

图 6-3

程序说明

- 第 7 行：声明 arr 数组，并设置初始值。
- 第 8 行：声明 i 和 sum 为整数变量。
- 第 10~16 行：执行 for 循环输出数组中的每个元素值，并进行累加。
- 第 15 行：将数组中的每个元素累加到 sum。
- 第 18 行：输出累加后的结果。

学生成绩的输入与计算程序

【范例程序：CH06_02.c】

数组的每项元素值也可以如同变量一样，通过键盘从外部输入。下面的范例程序逐步输入五位学生的分数，作为一维数组的值，然后输出学生的总分及平均分。

```
01 #include <stdio.h>
02 #include <stdlib.h>
03
04 int main(void)
05 {
06     int Score[5]; /* 声明整数数组 Score[5] */
07     int count, Total=0,average=0;   /* 声明 3 个整数变量 */
08
```

```
09      for (count=0; count < 5; count++)   /* 执行 for 循环读取
                                              学生成绩 */
10     {
11         printf("输入第 %d 位学生的分数：", count+1);
12         scanf("%d", &Score[count]);        /* 把输入的分数写到
                                                 数组中 */
13         Total+=Score[count];                /* 从数组中读取分数并
                                                 计算总和 */
14     }
15
16     average=Total/5;                     /* 计算平均分数 */
17     printf("\n");                        /* 换行 */
18     printf("学生的总分：%d\n", Total);   /* 输出成绩总和 */
19     printf("学生的平均分：%d\n", average);/* 输出成绩平均分 */
20
21     return 0;
22 }
```

执行结果（参考图 6-4）

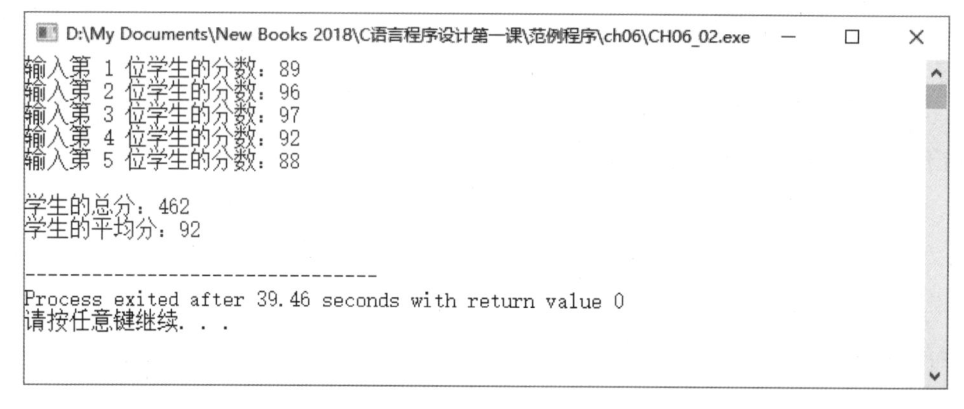

图 6-4

程序说明

- 第 6 行：声明一个大小为 5 的名为 Score 的一维整数数组。
- 第 7 行：声明 3 个整数变量，分别是 count、Total、average。
- 第 9 行：执行 for 循环读取与输入学生成绩。
- 第 11 行：把输入的分数赋给数组中的元素，以作为初始值。

- 第 13 行：从数组中读取分数并计算总和。
- 第 16 行：计算平均分数。
- 第 18~19 行：输出成绩的总分与平均分。

6.1.2 二维数组

一维数组可以扩充到二维或多维数组，在使用上和一维数组相似，都是处理相同数据类型的数据，差别只在于维数的声明。例如，一个含有 4*4 个元素的 C 语言二维数组 A[4][4]，各个元素在直观平面上的排列方式如图 6-5 所示。

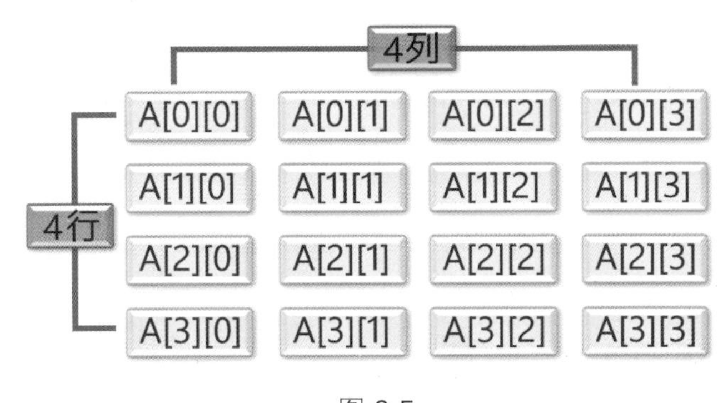

图 6-5

在 C 语言中，二维数组的声明格式如下：

```
数据类型  数组名 [ 行数 ] [ 列数 ];
```

例如，声明数组 arr 的行数是 3、列数是 5，那么元素的个数为 15，语法格式如下：

```
int arr[3] [5];
```

在二维数组设置初始值时，为了方便区分行与列，除了最外层的 {} 外，最好以 {} 括住每一行元素的初始值，并以“,”分隔每个数组元素。

```
int arr[2][3]={{1,2,3},{2,3,4}};
```

以下方式则会将整数或实数二维数组中所有元素的值设置为 0：

```
int Score[2][5]={ 0 };
```

还有一点要说明，C 对多维数组索引值（或称为下标）的设置，只允许第一维可以省略不用定义，其他维数的索引值都必须清楚定义长度，例如：

```
int arr[ ][3]={{1,2,3},{2,3,4}};   /* 合法的声明 */
int arr[2][ ]={{1,2,3},{2,3,4}};   /* 不合法的声明 */
```

在二维数组中，以大括号所包围的部分表示为同一行的初值设置。因此与一维数组相同，如果设置初始值的个数少于数组的元素个数，则其余未设置值的元素将自动设置为 0，例如：

```
int A[2][5]={   {77, 85, 73}, {68, 89, 79, 94}  };
```

由于数组中的 A[0][3]、A[0][4]、A[1][4] 都未设置初始值，因此初始值都会自动设置为 0。

二维数组的应用

【范例程序：CH06_03.c】

下面的范例程序定义了二维整数数组来存储两个班级学生的成绩，并分别计算该班学生的总分，这是一个简单的二维数组应用范例。

```
01 #include <stdio.h>
02 #include <stdlib.h>
03
04 int main()
05 {
06
07        /* 定义二维整数数组 Score[2][5]，并设置初始值 */
08     int Score[2][5]={ 73, 74, 95, 68, 69, 79, 44, 88, 77,
                         66 };
09     int i, j, Total;                    /* 定义整数变量 i, j,
                                              Total */
```

```
10
11        for ( i=0; i < 2; i++ )          /* 嵌套 for 循环读取学
                                             生分数 */
12    {
13            Total=0;    /* 设置整数变量 Total   */
14            for ( j=0; j < 5; j++)
15        {
16                  /* 显示各个学生的分数与相关信息 */
17                printf("第 %d 班的 %d 号学生成绩: %d\n", i+1,
                           j+1,
Score[i][j]);
18                Total+=Score[i][j];          /* 计算总分 */
19            }
20
21            printf("\n");
22        printf("第 %d 班学生的成绩总分: %d", i+1, Total);
23            /* 输出各个班级的总分 */
24            printf("\n\n");
25        }
26
27        return 0;
28 }
```

执行结果 (参考图 6-6)

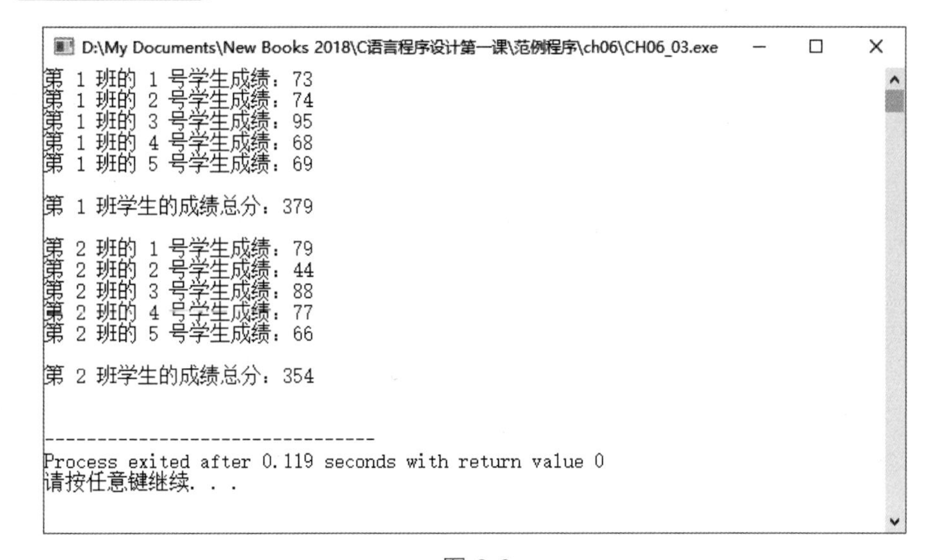
D:\My Documents\New Books 2018\C语言程序设计第一课\范例程序\ch06\CH06_03.exe

```
第 1 班的 1 号学生成绩: 73
第 1 班的 2 号学生成绩: 74
第 1 班的 3 号学生成绩: 95
第 1 班的 4 号学生成绩: 68
第 1 班的 5 号学生成绩: 69

第 1 班学生的成绩总分: 379

第 2 班的 1 号学生成绩: 79
第 2 班的 2 号学生成绩: 44
第 2 班的 3 号学生成绩: 88
第 2 班的 4 号学生成绩: 77
第 2 班的 5 号学生成绩: 66

第 2 班学生的成绩总分: 354


--------------------------------
Process exited after 0.119 seconds with return value 0
请按任意键继续. . .
```

图 6-6

程序说明

- 第 8 行：定义二维整数数组 Score[2][5]，并设置学生成绩的初始值。
- 第 9 行：定义整数变量 i、j、Total。
- 第 11 行：外层嵌套 for 循环读取每班学生的分数。
- 第 13 行：设置整数变量 Total，并设置初始值为 0。
- 第 14 行：内层嵌套 for 循环读取每个学生的分数。
- 第 18 行：计算每个班学生成绩的总分。
- 第 22 行：输出每个班学生的成绩总分。

二阶行列式

【范例程序：CH06_04.c】

下面的范例程序使用二维数组来计算二阶行列式，其行列式计算公式为 a1*b2 - a2*b1：

$$\triangle = \begin{vmatrix} a1 & b1 \\ a2 & b2 \end{vmatrix} = a1*b2-a2*b1$$

```
01 #include <stdio.h>
02 #include <stdlib.h>
03
04 int main(void)
05 {
06      int arr[2][2];/* 声明整数二维数组 */
07         int sum; /* 声明整数变量 */
08
09     printf("|a1 b1|\n");
10           printf("|a2 b2|\n");
11
12           printf("请输入 a1:");
13     scanf("%d",&arr[0][0]);/* 输入 a1 */
14          printf("请输入 b1:");
```

```
15          scanf("%d",&arr[0][1]);/* 输入 b1 */
16          printf(" 请输入 a2:");
17          scanf("%d",&arr[1][0]);/* 输入 a2 */
18          printf(" 请输入 b2:");
19          scanf("%d",&arr[1][1]);/* 输入 b2 */
20
21          sum = arr[0][0]*arr[1][1]-arr[0][1]*arr[1][0];
                                              /* 二阶行列式的运算 */
22          printf("|%d %d|\n",arr[0][0],arr[0][1]);
23          printf("|%d %d|\n",arr[1][0],arr[1][1]);
24          printf("sum=%d\n",sum);
25
26          return 0;
27 }
```

执行结果（参考图 6-7）

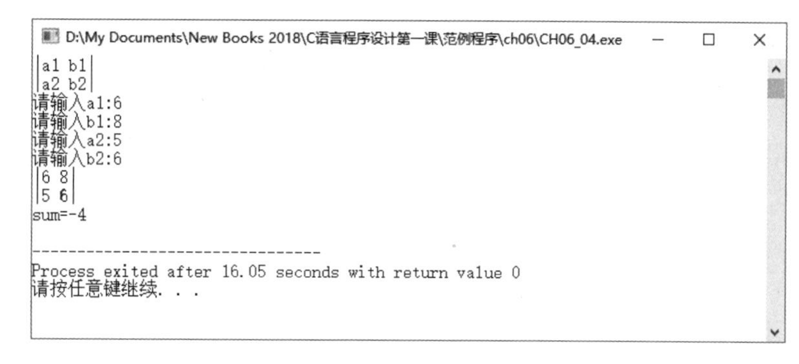

图 6-7

程序说明

- 第 6 行：声明整数二维数组 arr。
- 第 7 行：声明整数变量 sum。
- 第 9~10 行：打印二阶行列式公式。
- 第 13 行：输入 a1 元素。
- 第 15 行：输入 b1 元素。
- 第 17 行：输入 a2 元素。

- 第 19 行：输入 b2 元素。
- 第 21 行：二阶行列式的运算。

6.1.3 多维数组

在程序设计语言中，凡是二维以上的数组都可以称作多维数组，只要内存容量许可，就可以声明成更多维数组来存取数据。在 C 中，如果要提高数组的维数，再多加一组括号与索引值即可。以下是 C 定义多维数组语法：

```
数据类型 数组名[元素个数][元素个数][元素个数]……,[元素个数];
```

以下为 C 语言中声明多维数组的实例：

```
int Three_dim[2][3][4];    /* 三维数组 */
int Four_dim[2][3][4][5];   /* 四维数组 */
```

下面对三维数组（Three-dimension Array）做更详细的说明，基本上三维数组的表示法和二维数组一样都可视为一维数组的扩展。例如，声明一个单精度浮点数的三维数组：

```
float arr[2][3][4];
```

将 arr[2][3][4] 三维数组想象成空间上的立方体，如图 6-8 所示。

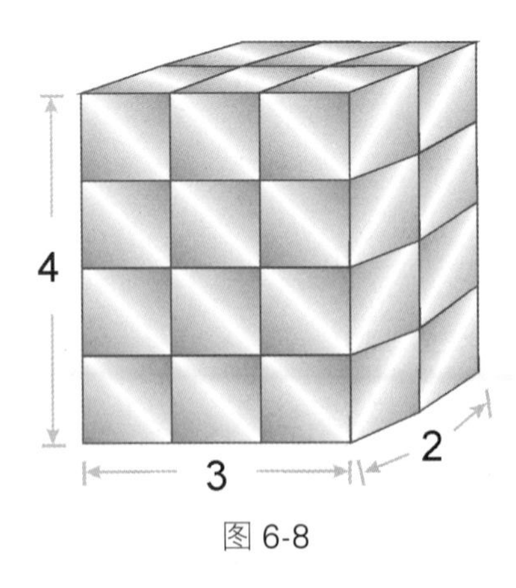

图 6-8

在设置初始值时，我们也可以想象成要初始化 2 个 3*4 的二维数组：

```
int a[2][3][4]={ { {1,3,5,6},       /* 第一个 3*4 的二维数组 */
                   {2,3,4,5},
                     {3,3,3,3}
                 },
                 { {2,3,3,54},      /* 第二个 3*4 的二维数组 */
                   {3,5,3,1},
                   {5 ,6,3,6}
                 }
  };
```

三维数组的应用范例

【范例程序：CH06_05.c】

下面的范例程序使用三层嵌套 for 循环来输出三维数组中所有的元素值，让大家更清楚地了解三维数组索引值与元素间的关系。

```
01 #include <stdio.h>
02 #include <stdlib.h>
03
04 int main(void)
05 {
06
07    int A[2][2][2]={{{1,2},{5,6}},{{3,4},{7,8}}};
08    /* 声明并设置三维数组 A 的初始值 */
09
10   int i,j,k; /* 声明整数变量 */
11
12   for(i=0;i<2;i++)                       /* 外层循环 */
13          for(j=0;j<2;j++)                /* 中层循环 */
14          for(k=0;k<2;k++)                /* 内层循环 */
15                     printf("A[%d][%d][%d]=%d\n",
                               i,j,k,A[i][j][k]);
16          /* 打印输出三维数组中的元素  */
17
18   return 0;
```

```
19 }
```

执行结果（参考图 6-9）

```
D:\My Documents\New Books 2018\C语言程序设计第一课\范例程序\ch06\CH06_05.exe
A[0][0][0]=1
A[0][0][1]=2
A[0][1][0]=5
A[0][1][1]=6
A[1][0][0]=3
A[1][0][1]=4
A[1][1][0]=7
A[1][1][1]=8

--------------------------------
Process exited after 0.1153 seconds with return value 0
请按任意键继续. . .
```

图 6-9

程序说明

- 第 7 行：声明并设置三维数组 A 的初始值。
- 第 10 行：声明整数变量 i、j、k。
- 第 12 行：外层 for 循环。
- 第 13 行：中层 for 循环。
- 第 14 行：内层 for 循环。
- 第 15 行：按序打印输出三维数组中的每个元素。

6.2 字符串

与其他的程序设计语言相比，例如 Visual BASIC，C 语言在字符串处理方面显得相当复杂。我们之前就谈过在 C 语言中并没有所谓字符串这样的基本数据类型，如果要在 C 程序中存储字符串，可以使用字符数组方式来表示，不过最后一个字符必须以空字符 '\0'（Null 字符，ASCII 码为 0）作为结尾。

字符常数以单引号“'”包括起来，字符串常数则是以双引号“"”包括起来。例如，'a' 与 "a" 分别代表字符常数和字符串常数，两者的差别就在于：字符串的结束处会多安排 1 个字节的空间来存放 '\0' 字符，以作为这个字符串结束时的符号。

6.2.1 字符串声明

在 C 语言的程序中要使用字符串变量，就必须声明字符数组，一旦声明字符数组后，这个字符数组的名称就能作为字符串变量的名称来使用了。声明字符数组的语法（字符串）和其他数组一样，不过要加上 char 关键字来声明其类型，语法如下：

```
char 字符数组名 [ 数组大小 ];
```

字符串声明时也可以直接设置初始值，以下是 C 语言中常用的两种字符串声明方式：

- 方式 1：char 字符串变量 [字符串长度]= " 初始字符串 ";
- 方式 2：char 字符串变量 [字符串长度]={' 字符 1', ' 字符 2', ... ,' 字符 n', '\0'};

当我们在声明字符串时，如果已经设置了初始值，那么其中字符串长度也可以不用设置。不过，当没有设置初始值时，就必须设置字符串长度，以便让编译器知道需要保留多少内存给字符串使用。例如，声明字符串：

```
char str[]="STRING";
或
char str[7]={'S', 'T', 'R', 'I', 'N', 'G', '\0'};
                          /* 最后一个元素为 '\0' ，作为字符串结束符号 */
```

在内存中使用如图 6-10 所示的方式来存储。

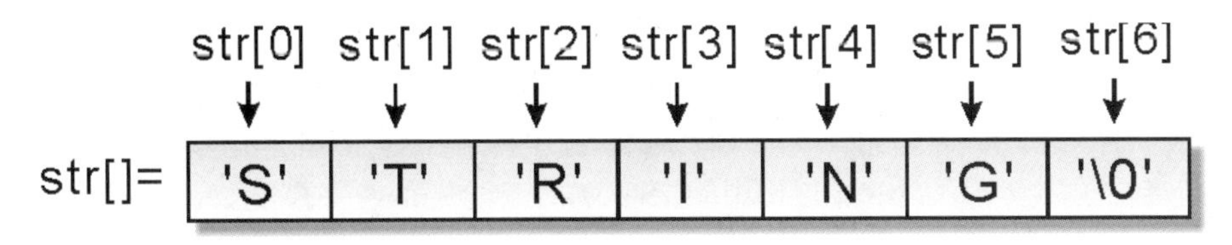

图 6-10

注 意

字符串不是C语言的基本数据类型，所以无法使用数组名直接赋给另一个字符串，如果需要赋值字符串，我们必须从字符数组中一个一个取出每个数组元素内容逐一进行复制。

字符与字符串的比较

【范例程序：CH06_06.c】

下面的范例程序用来示范说明字符与字符串的不同，并示范字符串声明的三种方式，最后使用size关键字来输出它们所占的字节数。

```
01 #include <stdio.h>
02 #include <stdlib.h>
03
04 int main(void)
05 {
06
07     char ch='a';       /* 声明字符变量 ch */
08     char Str0[]="a";  /* 声明字符串变量 str0 */
09     /* 三种正确的字符串声明方式 */
10     char Str1[6]="Hello";
11     char Str2[6]={ 'H', 'e', 'l', 'l', 'o','\0'};
12     char Str3[ ]="Hello";
13
14      printf("ch 占用的空间为：%d 个字节，字符 ch 的内容为：%c\n",
              sizeof(ch),ch);
15      printf("Str0 占用的空间为 :%d 个字节，字符串 Str0 的内容为：
              %s\n", sizeof(Str0),Str0);
16         printf("Str1 占用的空间为：%d 个字节，字符串 Str1 的
                  内容为：%s\n", sizeof(Str1),Str1);
17      printf("Str2 占用的空间为：%d 个字节，字符串 Str2 的内容
              为：%s\n", sizeof(Str2),Str2);
18      printf("Str3 占用的空间为：%d 个字节，字符串 Str3 的内容
              为：%s\n", sizeof(Str3),Str3);
```

```
19
20     /* 输出字符串与字符数组的空间与内容 */
21
22       return 0;
23 }
```

执行结果（参考图 6-11）

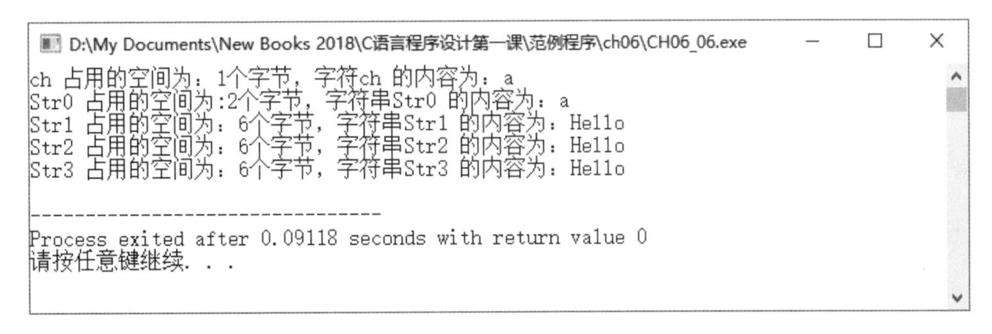

图 6-11

程序说明

- 第 7 行：声明字符变量 ch。
- 第 8 行：声明字符串变量 str0。
- 第 10~12 行：三种合法且结果相同的字符串声明方式。
- 第 14 行：输出 ch 字符变量，格式化字符为 %c。
- 第 15 行：输出 Str0 字符串变量，格式化字符为 %s，虽然和 ch 字符变量的内容都为“a”，但所占的字节数不同，因为 Str0 多了一个‘\0’字符。
- 第 16~18 行：输出占用的空间为 6 个字节，格式化字符为 %s。

6.2.2 字符串数组

字符串是以一维字符数组来存储的，如果有许多关系相近的字符串集合，就可以组成字符串数组，使用二维字符数组来表示。例如，一个班级中所有学生的姓名，每个姓名都有许多字符所组成的字符串，这时就可以使用字符串数组来存储。字符串数组声明方式如下：

```
char 字符串数组名 [ 字符串数 ] [ 字符数 ];
```

上面的声明语句中“字符串数”表示字符串的个数，“字符数”表示每个字符串最大可存放的字符数，并且包含了 '\0' 结束字符。当然，也可以在声明时就设置初始值，不过要记得每个字符串元素间都必须包含在双引号之内，而且每个字符串间要以逗号“,”分开。语法格式如下：

```
char 字符串数组名 [ 字符串数 ] [ 字符数 ]={" 字符串常数 1"," 字符串常数 2",
" 字符串常数 3"…};
```

例如，下面声明名为 Name 的字符串数组，其中包含 5 个字符串，每个字符串包括 '\0' 字符，字符串长度为 10 个字节：

```
char Name[5][10]={ "John",
                        "Mary",
                        "Wilson",
                        "Candy",
                              "Allen"
                       };
```

Name 字符串数组虽然是一种二维字符数组，但当我们要输出此 Name 数组中的第二个字符串时，可以直接以 printf("%s", Name[1]) 方式，用一维数组的指令输出即可。如果要输出第二个字符串中的第一个字符，必须使用二维数组的指令输出，例如 printf("%c", Name[1][0])。

字符串数组的应用

【范例程序：CH06_07.c】

下面的范例程序用来示范如何声明一个字符串数组以及存取字符串数组中每一个元素值的方式。

```
01 #include <stdio.h>
02 #include <stdlib.h>
```

```
03
04 int main(void)
05 {
06     char Name[5][10]={ "John",
07                        "Mary",
08                        "Wilson",
09                        "Candy",
10                        "Allen"};   /* 字符串数组的声明 */
11     int i; /* 声明整数变量 i */
12
13     for(i=0; i<5; i++)
14       printf("Name[%d]=%s\n",i,Name[i]);    /* 打印输出字符串
                                                  数组的内容 */
15
16     printf("\n");
17
18     return 0;
19 }
```

执行结果（参考图 6-12）

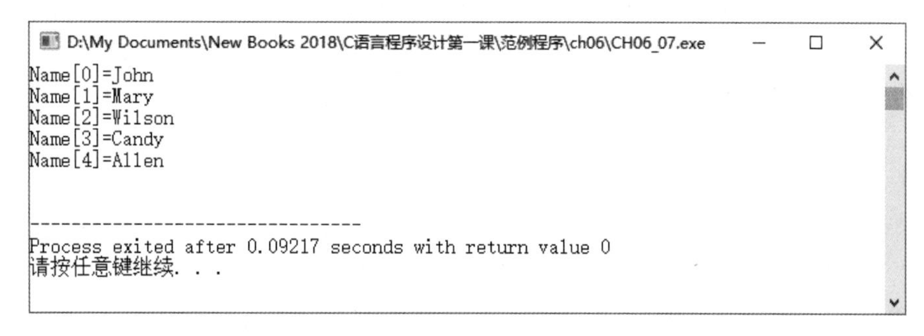

图 6-12

程序说明

- 第 6~10 行：声明字符串数组并设置初始值。
- 第 11 行：声明整数变量 i。
- 第 13~14 行：使用 for 循环以格式化字符 %s 直接将 Name 数组以一维方式输出每个数组元素。

字符串数组与学生成绩的计算

【范例程序：CH06_08.c】

下面的范例程序也是字符串数组的应用，从外部输入 3 位学生的姓名以及每位学生的三科成绩，最后以行列方式输出每个学生的姓名、三科成绩及总分。

```
01 #include <stdio.h>
02 #include <stdlib.h>
03
04 int main()
05 {
06     char name[3][10]; /* 声明存储姓名的字符串数组 */
07     int  score[3][3]; /* 声明存储成绩的整数二维数组 */
08     int i,total;      /* 声明整数变量 total */
09
10    for(i=0;i<3;i++)
11        {
12        printf("请输入第 %d 位学生姓名及三科成绩 :",i+1);
13        scanf("%s",&name[i]);/* 输入学生姓名 */
14        scanf("%d %d %d",&score[i][0],&score[i][1],
               &score[i][2]);
15          /* 输入三科成绩 */
16     }
17     printf("---------------------------------------\n");
18
19    for(i=0;i<3;i++)
20    {
21        printf("%s\t%d\t%d\t%d",name[i],score[i][0],
                score[i][1],score[i][2]);
22            total=score[i][0]+score[i][1]+score[i][2];
                                            /* 计算三科总分 */
23            printf("\t%d\n",total);  /* 输出三科的总分 */
24     }
25     printf("---------------------------------------\n");
```

```
26
27    return 0;
28 }
```

执行结果》（参考图 6-13）

```
D:\My Documents\New Books 2018\C语言程序设计第一课\范例程序\ch06\CH06_08.exe
请输入第1位学生姓名及三科成绩:陈伟中 98 87 94
请输入第2位学生姓名及三科成绩:许人豪 87 89 96
请输入第3位学生姓名及三科成绩:朱时仁 92 90 85
-------------------------------------
陈伟中  98      87      94      279
许人豪  87      89      96      272
朱时仁  92      90      85      267
-------------------------------------


--------------------------------
Process exited after 195.1 seconds with return value 0
请按任意键继续. . .
```

图 6-13

程序说明》

- 第 6 行：声明存储姓名的字符串数组，每个字符串有 10 个字节的空间。
- 第 7 行：声明存储成绩的整数二维数组。
- 第 13~14 行：以 scanf() 函数来输入每一位学生的姓名字符串与三科成绩。
- 第 21 行：以行列方式输出三科成绩。
- 第 22 行：计算三科成绩的总分。
- 第 23 行：输出三科成绩的总分。

6.3 综合范例程序 1——冒泡排序法

排序（Sorting）是指将一组数据，按特定规则调换位置，使数据具有某种次序关系（递增或递减），在此我们要介绍最为普遍的“冒泡法”（Bubble Sort）。下面的排序我们使用 6、4、9、8、3 数列示范排序的过程，让大家清楚地知道冒泡排序法的算法流程。

从小到大排序：

从图 6-14 开始。

图 6-14

第一次扫描会先拿第一个元素 6 和第二个元素 4 进行比较，如果第二个元素小于第一个元素，则执行交换的操作。接着拿 6 和 9 进行比较，就这样一直比较并交换，到第 5 次比较完后即可确定最大值在这个数组的最后面，如图 6-15 所示。

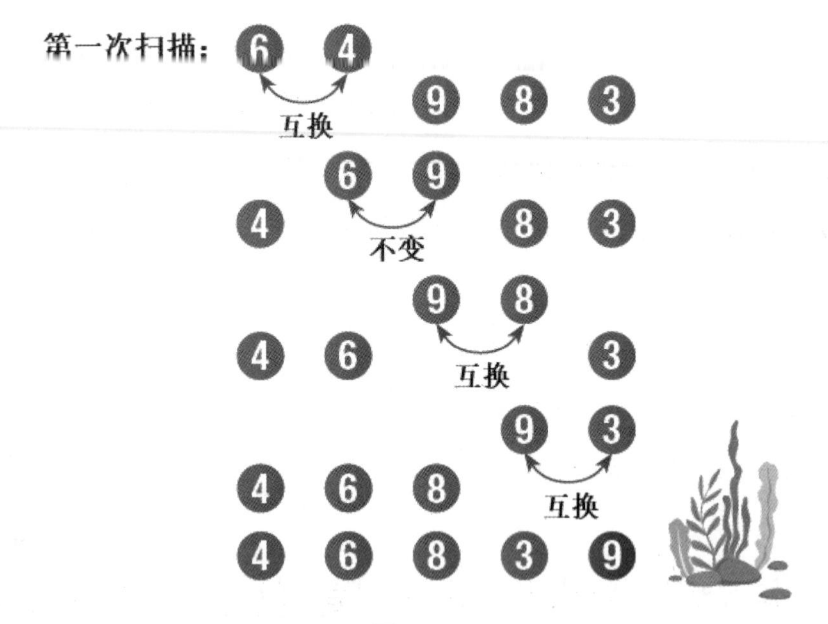

图 6-15

第二次扫描也是从头开始比较，但是由于最后一个元素在第一次扫描就已确定是数组中的最大值，故只需比较 4 次即可把剩余数组元素的最大值排到剩余数组的最后面，如图 6-16 所示。

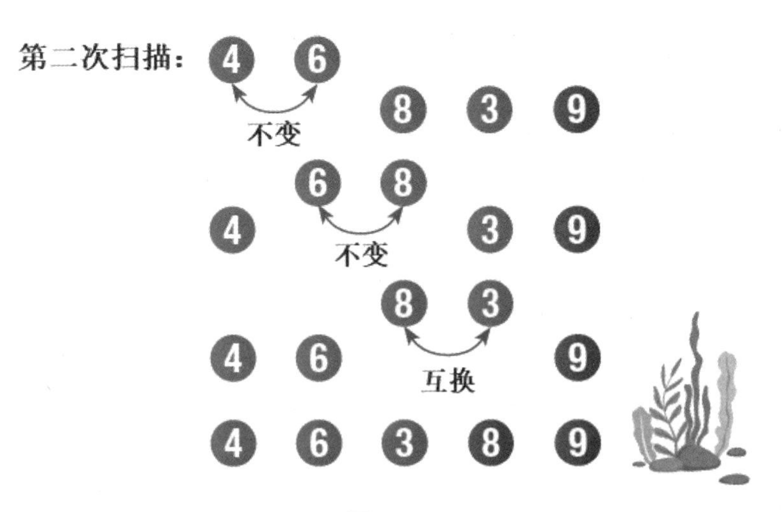

图 6-16

第三次扫描完，完成三个值的排序，如图 6-17 所示。

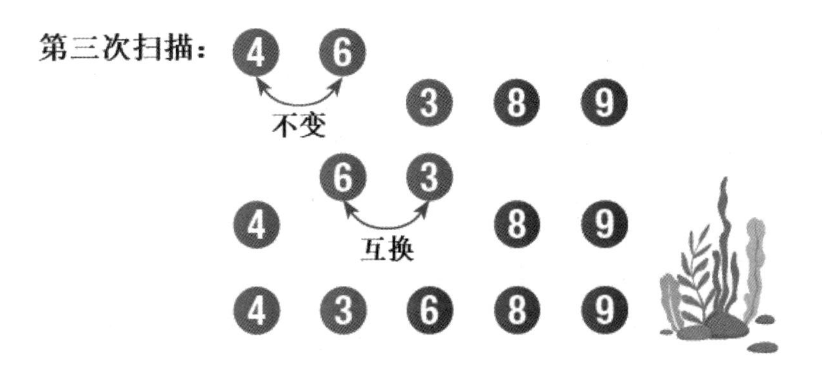

图 6-17

第四次扫描完，即可完成所有排序，如图 6-18 所示。

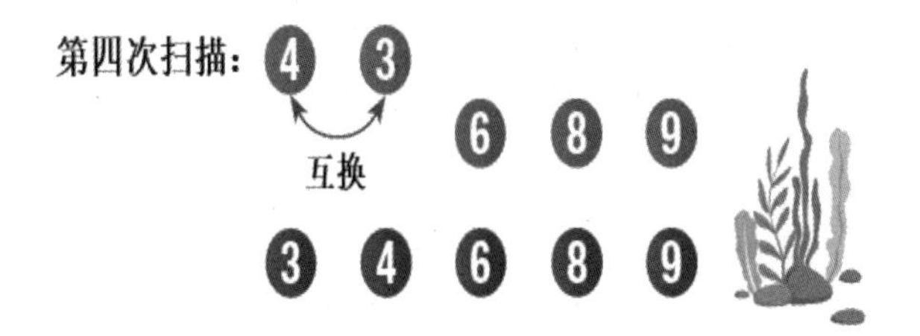

图 6-18

由此可知 5 个元素的冒泡排序法必须执行 5–1 = 4 次扫描，第一次扫描需比较 5 – 1 = 4 次，4 次扫描共比较 4 + 3 + 2 + 1 = 10 次。

下面的范例程序就是用冒泡排序法将一维数组中的元素从小到大进行排

序（采用 for 循环），下面的这些数列值将存放在一维数组中：

```
26,35,49,37,12,8,45,63
```

冒泡排序法

【范例程序：CH06_09.c】

```
01 #include <stdio.h>
02 #include <stdlib.h>
03
04 int main()
05 {
06     int i,j,tmp;
07     int data[8]={26,35,49,37,12,8,45,63};     /* 原始数据 */
08
09     printf("冒泡排序法：\n 原始数据为：");
10
11       for (i=0;i<8;i++)
12             printf("%3d",data[i]);/* 输出原始数据内容 */
13       printf("\n");
14
15       for (i=7;i>0;i--)            /* 扫描次数 */
16       {
17
18           for (j=0;j<i;j++)     /* 比较、交换次数 */
19           {
20              if (data[j]>data[j+1]) /* 比较相邻两数,
                    如果第一个数较大则交换 */
21              {
22                  tmp=data[j];
23                    data[j]=data[j+1];   /* 交换顺序 */
24                    data[j+1]=tmp;
25
26              }
27           }
28     }
29     printf("排序后的结果为：");
```

```
30    for (i=0;i<8;i++)
31          printf("%3d",data[i]);
32    printf("\n");
33
34    return 0;
35 }
```

执行结果 »（参考图 6-19）

```
D:\My Documents\New Books 2018\C语言程序设计第一课\范例程序\ch06\CH06_09.exe
冒泡排序法:
原始数据为:  26 35 49 37 12  8 45 63
排序后的结果为:   8 12 26 35 37 45 49 63

--------------------------------
Process exited after 0.09628 seconds with return value 0
请按任意键继续. . .
```

图 6-19

6.4 综合范例程序 2——字母大小写转换器

设计一个 C 语言程序，让用户任意输入字符串，可将字符串中的英文大写字母转为小写字母、小写字母转换为大写字母，最后输出新字符串。

字母大小写转换器

【范例程序：CH06_10.c】

```
01 #include <stdio.h>
02 #include <stdlib.h>
03
04 int main()
05 {
06     int i=0;
07     char str[50]; /* 声明一个字符数组  */
08
09     printf("请输入一个字符串：");
10        gets(str);
```

```
11
12        while(str[i]!='\0')
13        {
14            if(str[i]>=65 && str[i]<=90)
15                 str[i]+=32;       /* 大写转小写 */
16             else if (str[i]>=97 && str[i]<=122)
17                 str[i]-=32;       /* 小写转大写 */
18
19             i++;
20       }
21       printf("大小写转换后的新字符串 = %s",str);
22
23     return 0;
24 }
```

执行结果 »（参考图 6-20）

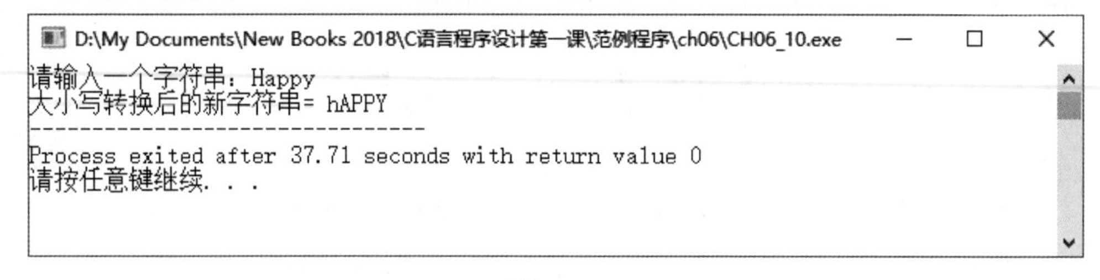

图 6-20

本章重点回顾

- 数组看作是一组具有相同名称与数据类型的集合，并且在内存中占有一块连续的存储空间。
- 数组的使用可以分为一维数组、二维数组与多维数组等，基本的工作原理都相同。
- 一个数组元素可以表示成一个“索引值”（或称为“下标值”）和“数组名”。
- 当声明数组之后，可以像将值赋给一般变量一样，来给数组内的每一个元素赋值。

- 在C语言中，数组的第一个元素的索引值是从0开始的。
- 两个数组间不可以直接用赋值运算符“=”互相赋值，只有数组的元素之间才能互相赋值。
- 在二维数组设置初始值时，为了方便分隔行与列，除了最外层的{}外，最好以{}括住每一行元素的初始值，并以“,”分隔数组的每个元素。
- 在C语言中，如果要提高数组的维数，就再多加一组括号与索引值。
- 字符常数是以单引号“'”括起来的，字符串常数则是以双引号“"”括起来的。

课后习题

填空题

1. 数组使用_______来指出数据在数组（或内存）中的位置。
2. 我们可以使用_______运算符来获取数组所占内存的字节数。
3. 在C语言中，数组的索引值从_______开始。
4. int num[4][6]; 这个数组将会有多少个元素？_______。
5. 在C语言中，字符串其实是由_______所组成的。

问答与实践题

1. 声明一维数组后，可以用哪两种方法设置元素的数值？
2. 下列程序语句哪里有错误？

```
char Str_1[]="changeable";
char Str_2[20];
      ......
Str_2=Str_1;
```

3. 下面这个程序要显示字符串的内容，但是结果不如预期，出了什么问题呢？

```
01 #include <stdio.h>
02 int main(void){
03     char str[]={'J','u','s','t'};
04     printf("%s",str);
05     return 0;
06 }
```

4. 下面多维数组的声明是否正确？

```
int  A[3][ ]={{1,2,3},{2,3,4},{4,5,6}};
```

5. 下面的二维数组中有哪些数组元素初始值是 0 ？

```
int A[2][5]={   {77, 85, 73}, {68, 89, 79, 94}  };
```

6. 假设数组的起始位置指向 1200，试求出 address[23] 的内存开始位置。

7. 简述 'a' 与 "a" 的不同。

第7章

函　数

本章重点

1. 函数的原型声明
2. 函数主体的定义
3. 函数调用
4. 参数传递方式
5. 数组参数的传递
6. 多维数组传递
7. 递归函数

模块化的概念就是采用结构化分析方式，把程序自上而下逐一分析，并将大问题逐步分解成各个较小的问题，这种概念沿用到程序设计中，从实现的角度来看，就称为函数（function）。所谓函数，简单来说，就是一段程序语句的集合，并且给予一个名称来代表此程序语句的集合。

C 语言的程序结构中就包含了最基本的函数，也就是大家耳熟能详的 main() 函数。函数是 C 语言的核心结构与基本模块，整个 C 语言程序的编写，就是由这些各具功能的函数所组合而成的，当需要某项功能的程序时，只需调用编写完成的函数来执行即可。

7.1 函数简介

C 的函数可分为系统本身提供的标准函数和用户自行定义的自定义函数两种。当我们使用标准函数时，只要将所使用的相关函数头文件包含（include）进来即可。例如，想使用 C 的数学函数，则可以将包含数学函数的头文件（math.h）包含进来：

```
#include <math.h>
```

自定义函数则是用户根据需求来设计的函数，这也是本章即将说明的重点，内容包括函数的声明、自变量的使用、函数的主体与返回值。在正式讲解函数的结构之前，我们先直接看一个最简单的函数范例。一个完整的函数包括了函数的原型声明（prototyping）、函数主体的内容与函数调用三个部分，这个函数 fun1() 虽然相当简单，但却包含了一个函数的基本功能与声明。

"Hello! 我是函数 !"

【范例程序：CH07_01.c】

下面的范例程序用来示范函数声明、函数的主体以及函数的调用。当调用 fun1() 函数时，会打印输出"Hello! 我是函数 !"的字样。

```
01 #include<stdio.h>
```

```
02 #include<stdlib.h>
03
04 void fun1();/* 函数的原型声明 */
05
06 int main(void)
07 {
08
09      fun1();/*  调用函数  */
10
11     return 0;
12 }
13
14 void fun1()
15 {
16     printf("Hello！我是函数！ \n");
17}      /* 函数的主体内容 */
```

执行结果（参考图 7-1）

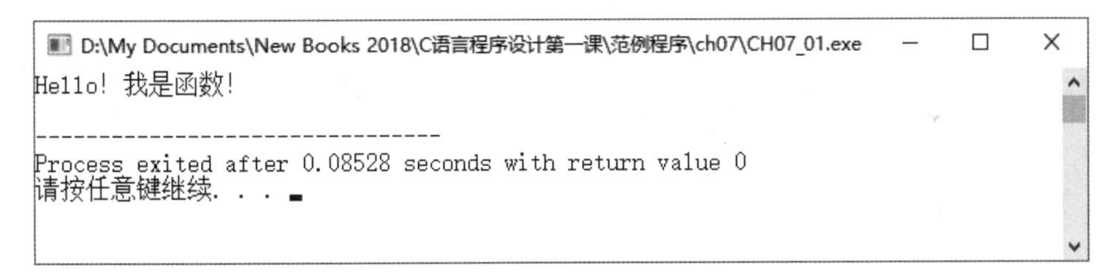

图 7-1

程序说明

- 第 4 行：函数的原型声明，必须以“;”结尾，当我们准备使用函数时，事先必须声明，而这个 fun1 函数中并没有传递任何自变量与返回值，所以声明为 void 类型。
- 第 9 行：调用 fun1() 函数。
- 第 14~17 行：定义函数 fun1() 的主体内容，这里只是简单的输出语句，由于没有返回值，因此也就省略了 return 指令。

7.1.1 函数的原型声明

C语言中的函数就和使用变量一样，想使用自定义的函数，首先必须声明。如果在函数调用前没有编译过这个函数的定义，那么C编译器就会返回函数名称未定义的错误信息，因此必须在程序尚未调用函数时先声明函数的原型，告诉编译器此函数的存在。

函数原型声明的位置放在程序的开头，通常是位于#include与main()之间，或者放在main()函数里面，声明的语法格式如下：

```
返回值类型 函数名称 (自变量类型1 自变量1,自变量类型2 自变量2, …,
自变量类型n 自变量n );
```

例如，一个函数sum()可接收两项成绩参数，并返回其计算成绩总分，原型声明可以有以下两种方式：

```
int sum(int score1,int score2);
或是
int sum(int, int);
```

用户可以自行定义自变量个数与自变量数据类型，并指定返回值的数据类型。如果没有返回值，可用void关键字来说明，通常会使用以下形式：

```
void 函数名称 (自变量类型1 自变量1,自变量类型2 自变量2,…,自变量
              类型n 自变量n );
```

注意，如果调用函数的指令在函数主体定义之后，就可以省略函数原型声明，否则必须在尚未调用函数前声明自定义函数的原型（function prototype），以便告诉编译器有一个尚未定义，却将会用到的自定义函数存在。

省略函数原型声明的示范

【范例程序：CH07_02.c】

下面的范例程序修改自CH07_01.c，将函数主体定义放在调用函数指令

之前，这样就可以省略函数原型声明。

```
01 #include<stdio.h>
02 #include<stdlib.h>
03
04 void fun1()
05 {
06     printf("Hello！我是函数！\n");
07
08 }/* 函数的主体内容 */
09
10 int main(void)
11 {
12
13    fun1();/* 调用函数 */
14
15    return 0;
16 }
```

执行结果 （参考图 7-2）

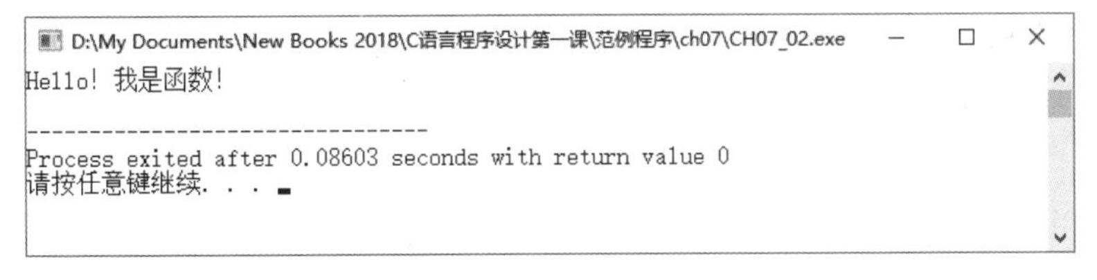
D:\My Documents\New Books 2018\C语言程序设计第一课\范例程序\ch07\CH07_02.exe
Hello！我是函数！

Process exited after 0.08603 seconds with return value 0
请按任意键继续. . .

图 7-2

程序说明

- 第 4~8 行：定义函数 fun1() 的主体内容，因为在函数调用之前，所以可以省略函数的原型声明。
- 第 13 行：调用 fun1() 函数。

注意 main() 函数

如果是在 main() 函数中进行函数的原型声明，那么将限定这个函数只能被 main() 函数里面所声明的函数调用，其他在 main() 函数外声明的函数则无法调用。

7.1.2 函数主体的定义

清楚了解了函数的原型声明后，接下来我们需要知道如何开始定义一个函数的主体结构。基本结构如下：

```
数据类型 函数名称 ( 数据类型 参数 1, 数据类型 参数 2, ……)
{
   程序语句区块 ;
……

     return 返回值 ;
}
```

函数名称是准备定义函数主体的第一步，由设计者自行命名，命名规则与变量命名规则一样，最好具备可读性。函数名称后面括号内的参数行与函数原型声明时只写上各个参数的数据类型不同，这时务必填上每一个数据类型与参数名称。函数主体是由 C 语言的程序语句组成的，在程序代码编写的风格上，建议大家尽量使用注释来说明函数的作用。函数的结构和大家已经熟悉的 main() 函数结构类似。

至于 return 指令后面的返回值类型，必须与函数类型相同。例如，返回整数使用 int、浮点数使用 float，若没有返回值则加上 void。如果函数类型声明为 void，那么最后的 return 关键字可省略，或保留 return 但其后不接任何返回值，例如：

```
Return;
```

7.1.3 函数调用

当函数定义主体创建好了之后，就可以在程序中直接使用该函数的名称来调用函数。在进行函数调用时，只要将需要处理的参数传给该函数，并安排变量来接收函数运算的结果，就可以正确且妥善地使用函数。

函数返回值一方面可以代表函数的执行结果，另一方面可以用来检测函数是否成功地执行完毕。函数调用的方式有两种：一种是没有返回值，另一种是有返回值。

（1）如果没有返回值，通常直接使用函数名称即可调用函数。语法格式如下：

```
函数名称（自变量1，自变量2，……）;
```

（2）如果函数有返回值，可使用赋值运算符“=”将返回赋值给某个变量。语法格式如下：

```
变量=函数名称（自变量1，自变量2，……）;
```

数字比大小

【范例程序：CH07_03.c】

下面的范例程序用于说明完整函数的声明、定义与调用方式，将会自定义一个 mymax() 函数，可以让用户输入两个数字，并比较哪一个数字较大。如果输入的两数一样，就输出其中任意一个数字。

```
01 #include <stdio.h>
02 #include <stdlib.h>
03
04 int mymax(int,int); /* 函数原型声明 */
05
06 int main()
07 {
08       int a,b;
09       printf("数字比大小\n请输入a:");
10       scanf("%d",&a); /* 输入整数变量 a */
11
12       printf("请输入b: ");
13       scanf("%d",&b); /* 输入整数变量 b */
14
15       printf("较大者的值为: %d\n",mymax(a,b)); /* 函数调用 */
16
```

```
17      return 0;
18 }
19
20 int mymax(int x,int y)  /* mymax 函数定义主体 */
21 {
22      if(x>y)
23          return x; /* 返回 x 值 */
24      else
25          return y; /* 返回 y 值 */
26 }
```

执行结果 （参考图 7-3）

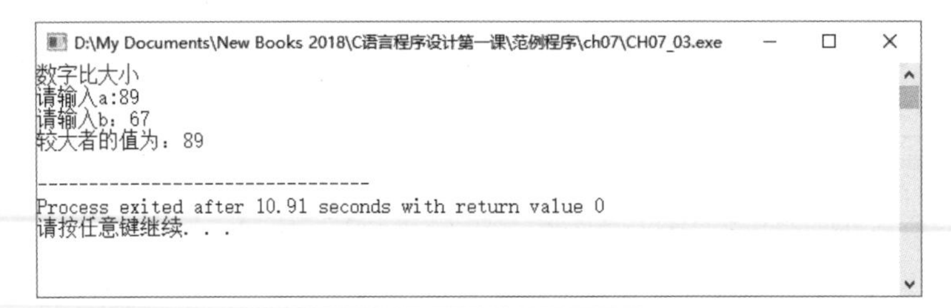

图 7-3

程序说明

- 第 4 行：mymax 函数的原型声明，返回值为 int。
- 第 8 行：声明整数变量 a、b。
- 第 10 行：输入整数变量 a。
- 第 13 行：输入整数变量 b。
- 第 15 行：调用 mymax(a,b) 函数，并以 a 与 b 为参数传递给 mymax 函数。
- 第 20~26 行：mymax 函数定义主体，通过第 22 行 if 条件判断语句来决定返回 a 或 b 的值。

7.2 参数的传递方式

C 语言函数中的参数传递是将主程序中调用函数的自变量值传递给函数

中的参数，然后在函数中处理定义的程序语句。根据所传递的是参数的数值或参数的地址而有所不同，参数传递的方式可分为“传值调用”（call by value）与“传址调用”（call by address）两种。

注意 自变量与参数

我们实际调用函数时所提供的参数通常简称为“自变量”或“实际参数”（Actual Parameter），而在函数主体所声明的参数通常简称为“参数”或“形式参数”（Formal Parameter）。

7.2.1 传值调用

C 语言默认的参数传递方式就是传值调用（call by value），表示在调用函数时会将自变量的值逐一复制给函数的参数，因此在函数中对参数的值进行任何的更改都不会影响原来的自变量，也就是不会更改原先主程序中用来调用的变量值。C 语言的传值调用原型声明形式如下：

```
返回值数据类型 函数名称（数据类型 参数 1, 数据类型 参数 2, ……）;
或
返回值数据类型 函数名称（数据类型，数据类型，……）;
```

传值调用的函数调用形式如下：

```
函数名称（自变量 1, 自变量 2, ……）;
```

传值调用的范例

【范例程序：CH07_04.c】

下面的范例程序用来说明传值调用的方式，目的在于将两个变量的内容传到自定义函数 swap() 内来进行交换。由于采用的是传值调用方式，并因此不会对自变量本身做修改，也不会达到 main() 方法中变量内容交换的功能。请大家仔细观察传值调用前后的输出结果。

```
01 #include <stdio.h>
```

```
02 #include <stdlib.h>
03
04 void swap(int,int);   /* 传值调用函数的原型声明 */
05
06 int main()
07 {
08        int a,b;
09        a=10;
10     b=20;  /* 设置 a,b 的初值 */
11        printf("调用 swap 函数交换前: a=%d, b=%d\n",a,b);
12
13        swap(a,b);   /* 函数调用 */
14
15        printf("调用 swap 函数交换后: a=%d, b=%d\n",a,b);
16
17     return 0;
18 }
19
20 void swap(int x,int y)  /* 没有返回值 */
21 {
22        int t;
23        printf("在 swap 函数内交换前: x=%d, y=%d\n",x,y);
24     t=x;
25        x=y;
26        y=t;  /* 交换过程 */
27        printf("在 swap 函数内交换后: x=%d, y=%d\n",x,y);
28 }
```

执行结果 »（参考图 7-4）

```
D:\My Documents\New Books 2018\C语言程序设计第一课\范例程序\ch07\CH07_04.exe
调用swap函数交换前: a=10, b=20
在swap函数内交换前: x=10, y=20
在swap函数内交换后: x=20, y=10
调用swap函数交换后: a=10, b=20

--------------------------------
Process exited after 0.09171 seconds with return value 0
请按任意键继续. . .
```

图 7-4

程序说明

- 第 4 行：传值调用函数原型声明，没有传递任何返回值，所以声明为 void 形式。
- 第 8 行：声明整数变量 a、b。
- 第 9~10 行：设置 a、b 的初始值。
- 第 13 行：调用 swap() 函数。
- 第 20~28 行：swap() 函数定义主体。其中，第 24~26 行是 x 与 y 变量数值的交换过程。

7.2.2 传址调用

传址调用（call by address）表示在调用函数时所传递给函数的参数值是变量的内存地址，如此函数的自变量将与所传递的参数共享同一块内存地址，因此对于自变量值的更改当然也会连带影响到共享地址的参数值。传址方式的函数声明原型如下：

```
返回值数据类型 函数名称 ( 数据类型 * 参数 1, 数据类型 * 参数 2, ……);
或
返回值数据类型 函数名称 ( 数据类型 *, 数据类型 *, ……);
```

传址调用的函数调用形式如下：

```
函数名称 (& 自变量 1,& 自变量 2, ……);
```

注意 传址调用

进行传址调用时会使用到“*”取值运算符和“&”取址运算符，说明如下：

- “*”取值运算符：可以获取变量在内存地址上所存储的值。
- “&”取址运算符：可以获取变量在内存上的地址。

传址调用的应用

【范例程序：CH07_05.c】

下面的范例程序示范说明传址调用，延续 CH07_04.c 范例程序中的函数结构。我们可以发现在 swap() 函数中更改两个变量 x、y 的内容，main() 函数内对应的变量 a、b 也会跟着变动。

```
01 #include <stdio.h>
02 #include <stdlib.h>
03
04 void swap(int *,int *); /* 函数传址调用的原型声明 */
05
06 int main()
07 {
08         int a,b;   /* 声明整数变量 a,b */
09         a=10;
10         b=20;
11
12         printf("调用 swap() 函数交换前: a=%d, b=%d\n",a,b);
13
14         swap(&a,&b);   /* 传址调用 */
15
16         printf("调用 swap() 函数交换后: a=%d, b=%d\n",a,b);
17
18         return 0;
19 }
20
21 void swap(int *x,int *y)   /* 声明参数 x,y */
22 {
23         int t;     /* 声明整数变量 t */
24         printf("在 swap() 函数内交换前: x=%d, y=%d\n",*x,*y);
25
26         t=*x;
27         *x=*y;
28         *y=t;    /* x,y 交换过程 */
```

```
29
30        printf("在swap()函数内交换后：x=%d, y=%d\n",*x,*y);
31
32 }
```

执行结果 （参考图 7-5）

```
D:\My Documents\New Books 2018\C语言程序设计第一课\范例程序\ch07\CH07_05.exe
调用swap()函数交换前：a=10, b=20
在swap()函数内交换前：x=10, y=20
在swap()函数内交换后：x=20, y=10
调用swap()函数交换后：a=20, b=10

--------------------------------
Process exited after 0.1117 seconds with return value 0
请按任意键继续. . .
```

图 7-5

程序说明

- 第 4 行：函数传址调用原型声明，指定传入的自变量必须是两个整数变量的地址。
- 第 8 行：声明整数变量 a、b。
- 第 9~10 行：设置 a、b 的初始值。
- 第 14 行：swap() 函数传址调用，进行传址调用的参数传递时，必须使用 &“取址运算符”。
- 第 21~32 行：swap() 函数定义主体，并以两个整数指针 *x 与 *y 来接收自变量。其中，第 26~28 行是 x 与 y 变量数值的交换过程。

7.3 数组参数的传递

函数中要传递的对象如果不只是一个变量，例如数组数据，也可以把整个数组传递过去。由于数组名存储的值其实是数组第一个元素的内存地址，因此我们只要把数组名当成函数的自变量来传递即可，我们可以想象传递单个变量就好像一辆汽车经过隧道，而传递一整个数组就好比一整列火车经过隧道，如图 7-6 所示。

图 7-6

7.3.1 一维数组传递

将数组传递给函数时，只是传递该数组存放在内存的地址，不用像一般变量一样，将数组的每个元素都复制一份来传递，如果在函数中改变了数组的内容，所调用主程序中的数组自变量内容也会随之改变。由于我们传递时不知道数组的长度，因此在数组传递过程中最好加上传送数组长度的自变量。一维数组参数传递的函数声明如下：

```
(返回值数据类型 or void) 函数名称 (数据类型 数组名[ ], 数据类型
  数组长度…);
或
(返回值数据类型 or void) 函数名称 (数据类型 *数组名, 数据类型
  数组长度…);
```

一维数组参数传递的函数调用方式如下：

```
函数名称 (数组名, 数组长度…);
```

一维数组与参数传递

【范例程序：CH07_06.c】

下面的范例程序是将一维数组 array 以传址调用的方式传递给 Multiple() 函数，在函数中将一维 arr 数组中的每个元素值都乘以 2。这时主程序中 array 数组的元素值也都改变了。

```
01 #include <stdio.h>
02 #include <stdlib.h>
03
04 void Multiple(int arr[],int);/* 函数 Multiple() 的原型声明 */
05
06 int main()
07 {
08     int i,array[6]={ 11,52,33,41,65,71 };
09     /* 声明数组并设置初始值 */
10     int n=6;
11
12      printf(" 调用 Multiple() 前，数组的内容为: ");
13      for(i=0;i<n;i++)   /* 打印输出数组的内容 */
14           printf("%d ",array[i]);
15
16      printf("\n");
17
18      Multiple(array,n);            /* 调用函数 Multiple() */
19
20      printf(" 调用 Multiple() 后，数组的内容为: ");
21
22      for(i=0;i<n;i++)     /* 打印输出数组的内容 */
23           printf("%d ",array[i]);
24      printf("\n");
25
26      return 0;
27 }
28
29 void Multiple(int arr[],int n1)/* 定义 Multiple() 函数的主体 */
```

```
30 {
31     int i;
32
33     for(i=0;i<n1;i++)
34      arr[i]*=2;   /* 数组中的每个元素值 *2 */
35 }
```

执行结果 (参考图 7-7)

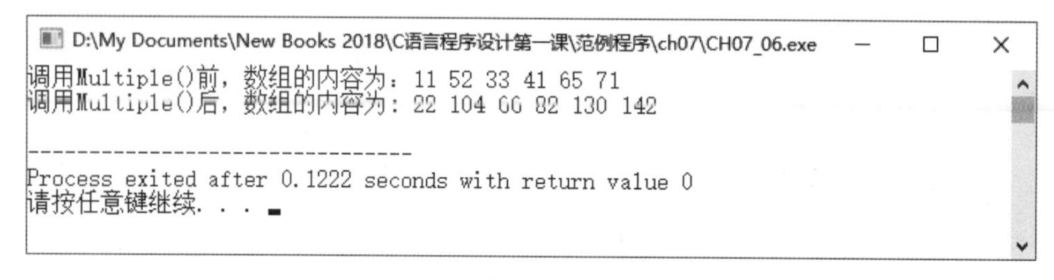

图 7-7

程序说明

- 第 4 行：函数 Multiple() 的原型声明，传递一维数组 array[ ] 与一个整数，数组括号 [] 内的元素个数可写也可不写。
- 第 8 行：声明数组 array 并设置初始值。
- 第 13~14 行：输出 array 数组中所有的元素。
- 第 18 行：调用函数 Multiple()，直接把数组名当成函数的自变量来传递。
- 第 22~23 行：输出从函数 Multiple() 返回来的 array 数组中的所有元素。
- 第 29~35 行：定义 Multiple() 函数主体。其中，第 33~34 行将每个数组元素值乘以 2。

7.3.2 多维数组传递

当然函数也可以用来传递二维或多维数组，多维数组传递的方式和一维数组大致相同。例如，传递二维数组，只要加上一个中括号“[]”即可；传递三维数组，要加上两个中括号“[][]”。还有一点要特别提醒大家，所传递数组的第一维可以省略（不用填入元素个数），不过其他维对应的所有中括号必须填上元素个数，否则编译时会产生错误。二维数组参数传递的函数声明形式如下：

```
(返回值数据类型 or void) 函数名称 (数据类型 数组名 [ ][ 列数 ],
  数据类型 行数 , 数据类型 列数……);
```

二维数组参数传递的函数调用如下：

```
函数名称 ( 数组名 , 行数 , 列数……);
```

二维数组与参数传递

【范例程序：CH07_07.c】

下面的范例程序先将二维数组 score 传递给 cal_score() 函数，在函数中将每项成绩都乘以 1.2，再输出此数组的每个元素值。注意函数的声明与调用时二维数组的表示方法。

```
01 #include<stdio.h>
02 #include<stdlib.h>
03
04
05 void cal_score(int arr[][5],int,int); /* 函数的原型声明 */
06
07 int main()
08 {
09      /* 声明并初始化二维成绩数组 */
10      int score[][5]={{59,69,73,82,45},{81,42,53,64,55}};
11      int i,j;
12
13      cal_score(score,2,5); /*  调用并传递二维数组 */
14
15   printf("-------------------------------------\n");
16
17       for(i=0; i<2; i++)
18   {
```

```
19            for(j=0; j<5;j++)
20                 printf("%d  ",score[i][j]);
                                            /* 输出二维数组各个元素 */
21            printf("\n");
22    }
23
24    return 0;
25}
26
27
28 void cal_score(int arr[][5],int r,int c)/* 定义 cal_score()
                                                  函数的主体 */
29 {
30         int i,j;
31         for(i=0; i<r; i++)
32     {
33              for(j=0; j<c;j++)
34              {
35                  printf("%d  ",arr[i][j]);
                                            /* 输出二维数组各个元素 */
36                  arr[i][j]= arr[i][j]*1.2;
                                               /*  数组元素 * 1.2 */
37            }
38         printf("\n");
39         }
40 }
```

执行结果 （参考图 7-8）

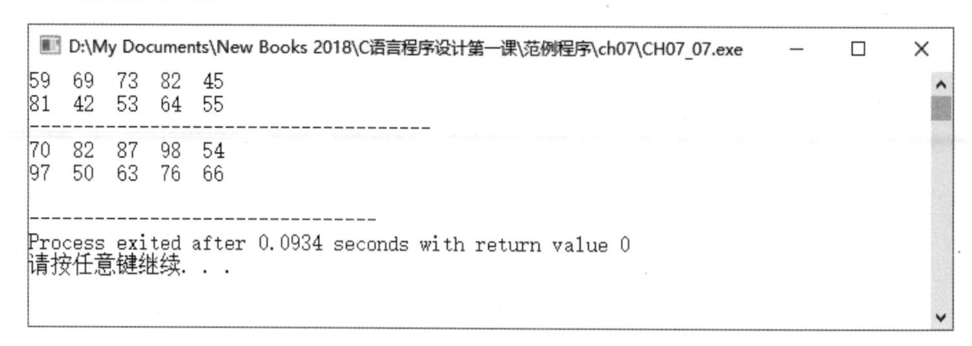

图 7-8

程序说明

- 第 5 行：函数 cal_score() 的原型声明，传递二维数组 array[ ] 与两个整数。在二维数组中，第一维括号内的索引值可省略，其他维的索引值都必须清楚地定义元素个数（数值的长度）。
- 第 10 行：声明并初始化二维成绩数组。
- 第 13 行：调用并传递二维数组。
- 第 17~21 行：输出从 cal_score() 返回来的 score 数组中的所有元素。
- 第 28~40 行：定义 cal_score() 函数的主体。其中，第 36 行是让 arr 数组中的每个元素乘以 1.2。

求三维数组中的最小值

【范例程序：CH07_08.c】

本范例程序是将下面的三维数组 num 传递给可以返回最小值的函数 min()，从中观察三维数组传递的声明及调用方式与二维数组传递的声明及调用方式的不同。

```
int num[2][3][3]=
              {{{43,45,67},
                {73,71,56},
                {55,38,66}},
                {{21,39,25 },
                {38,89,18},
                {90,101,89}}};
```

```
01 #include <stdio.h>
02 #include <stdlib.h>
03
04 int min(int arr[][3][3],int,int,int);
05 /* min() 函数的原型声明 */
06 int main(void)
```

```
07 {
08     int num[2][3][3]=
09                   {{{43,45,67},
10                    {73,71,56},
11                   {55,38,66}},
12                   {{21,39,25 },
13                   {38,89,18},
14                   {90,101,89}}}; /* 声明三维数组 */
15
16      printf("三维数组的最小值= %d\n", min(num,2,3,3));
17
18    return 0;
19 }
20
21 int min(int arr[][3][3],int a,int b,int c) /* 定义min()
  函数的主体 */
22 {
23    int i,j,k,min_value;
24
25    min_value=arr[0][0][0]; /* 设置min_value的值为数组的
      第一个元素值 */
26
27    for(i=0;i<a;i++)
28        for(j=0;j<b;j++)
29           for(k=0;k<c;k++)
30                if(min_value>=arr[i][j][k])
31                        min_value=arr[i][j][k];
                                   /* 使用三重循环找出最小值 */
32
33    return min_value; /* 返回整数 min_value */
34 }
```

执行结果 （参考图 7-9）

```
D:\My Documents\New Books 2018\C语言程序设计第一课\范例程序\ch07\CH07_08.exe
三维数组的最小值= 18

--------------------------------
Process exited after 0.08937 seconds with return value 0
请按任意键继续. . .
```

图 7-9

程序说明

- 第 4 行：min() 函数的原型声明，传递三维数组与三个整数。在三维数组中，第一维括号内的索引值可省略，其他维的索引值都必须清楚地定义元素个数（数组的长度）。
- 第 8~14 行：声明并初始化三维数组 num。
- 第 16 行：输出与调用 min() 函数，min() 函数返回整数值。
- 第 21~34 行：定义 min() 函数的主体。其中，第 25 行设置 min_value 的值为 arr 数组的第一个元素值；第 27~31 行使用三重循环找 arr 数组中的最小值；第 33 行返回整数 min_value 值。

7.4 递归函数

函数不单是能够被其他函数调用的程序区块，C 语言也提供了函数调用自身的功能，就是所谓的递归函数。递归函数（Recursion）在程序设计上是相当好用而且非常重要的概念，使用递归可以使程序变得相当简洁，但设计时必须非常小心，因为很容易造成无限循环或导致内存的浪费。

递归的定义

递归函数的精神就是在函数内部调用自己。递归函数的定义如下：

> 假如一个函数或程序区块是由自身所定义或调用，就称为递归。

通常一个递归函数必备的两个要件：

（1）一个可以反复执行的过程。

（2）一个跳出反复执行过程中的出口。

例如，数学上的阶乘问题就非常适合采用递归来运算，以 5! 运算为例，我们可以逐步分解它的运算过程，总结规律：

```
5! = (5 * 4!)
= 5 * (4 * 3!)
= 5 * 4 * (3 * 2!)
= 5 * 4 * 3 * (2 * 1)
= 5 * 4 * (3 * 2)
= 5 * (4 * 6)
= (5 * 24)
= 120
```

我们可以将每一个括号想象为每一次的函数调用，这个运算分解的过程就相当于递归运算。

求解 n 阶乘的函数

【范例程序：CH07_09.c】

下面的范例程序将使用一个求解 n 阶乘（n!）函数来示范递归的用法，这个程序会要求用户输入 n 数值的大小，最后求得 1×2×3×…×n 的结果。例如 n=4，则 1*2*3*4=24。

```
01 #include <stdio.h>
02 #include <stdlib.h>
03
04 int ndegree_rec(int); /* 递归函数的原型声明 */
05
06 int main(void)
07 {
08     int n;
```

```
09      printf("请输入n值：");
10     scanf("%d",&n); /*输入所求n!的n值*/
11     printf("%d! = %d\n",n,ndegree_rec(n));
12
13     return 0;
14 }
15
16
17 int ndegree_rec(int n)  /* 定义递归函数的主体 */
18 {
19     if(n==1)
20      return 1; /* 跳出反复执行过程的出口 */
21     else
22      return n*ndegree_rec(n-1);/* 反复执行的过程 */
23 }
```

执行结果 »（参考图 7-10）

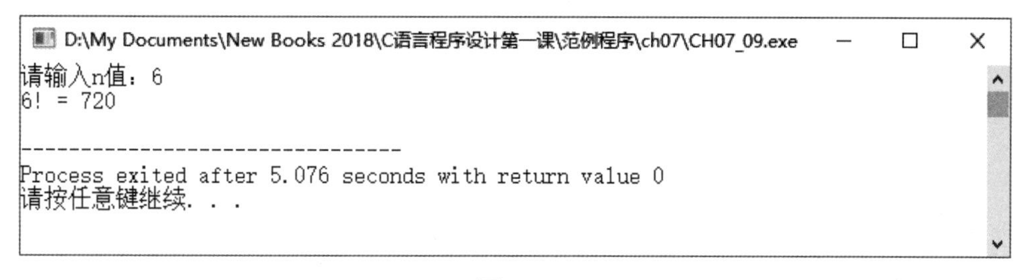

图 7-10

程序说明 »

- 第 4 行：ndegree_rec() 函数的原型声明。
- 第 10 行：输入所求 n! 的 n 值。
- 第 11 行：输出 n 值与 ndegree_rec() 函数的返回值。
- 第 17~23 行：定义 ndegree_rec() 函数的主体。其中，第 19~20 行表示当 n==1 时，跳出反复执行过程的出口，并返回 1；第 21~22 行表示当 n!=1 时，继续计算这个 n 值乘以 (n-1)! 的结果，ndegree_rec(n-1) 的部分会以 n-1 的值当成自变量继续调用 ndegree_rec() 函数。

7.5 综合范例程序 1——汉诺塔游戏

我们在讨论递归的概念时，其中法国数学家 Lucas 所提出的汉诺塔游戏可以传神地体现出递归思维的特别之处。可以这样来描述汉诺塔游戏：假设有 3 个木桩和 n 个大小均不相同的盘子。开始的时候，n 个盘子都套在 1 号木桩上，现在希望能找到将 1 号木桩上的盘子借助 2 号木桩作为中间桥梁，全部移到 3 号木桩上，找出最少移动次数的方法。不过在移动时必须遵守下列规则：

（1）直径较小的盘子永远放在直径较大的盘子之上。

（2）盘子可任意地从任意一个木桩移到其他的木桩上，但是每一次只能移动一个盘子。

汉诺塔游戏示意图如图 7-11 所示。

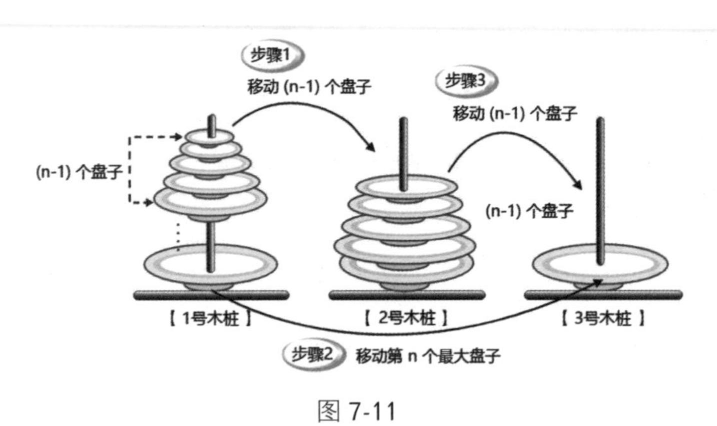

图 7-11

设计一个 C 程序，以递归方式来设计汉诺塔解法，当用户输入要移动的盘子数量时，能输出所有移动的详细过程。

汉诺塔游戏

【范例程序：CH07_10.c】

```
01 #include <stdio.h>
02 #include <stdlib.h>
```

```
03
04 void hanoi(int, int, int, int);   /* 函数的原型声明 */
05
06 int main(void)
07 {
08     int j;
09
10     printf("请输入盘子数量: ");
11
12     scanf("%d", &j); /* 输入盘子数量 */
13
14     hanoi(j,1, 2, 3); /* 调用递归函数 */
15
16    return 0;
17 }
18
19 void hanoi(int n, int p1, int p2, int p3)
20 {
21     if (n==1) /* 递归出口 */
22     printf("盘子从 %d 移到 %d\n", p1, p3);
23    else   /* 反复执行过程 */
24    {
25        hanoi(n-1, p1, p3, p2);
26        printf("盘子从 %d 移到 %d\n", p1, p3);
27        hanoi(n-1, p2, p1, p3);
28     }
29 }
```

执行结果 »（参考图 7-12）

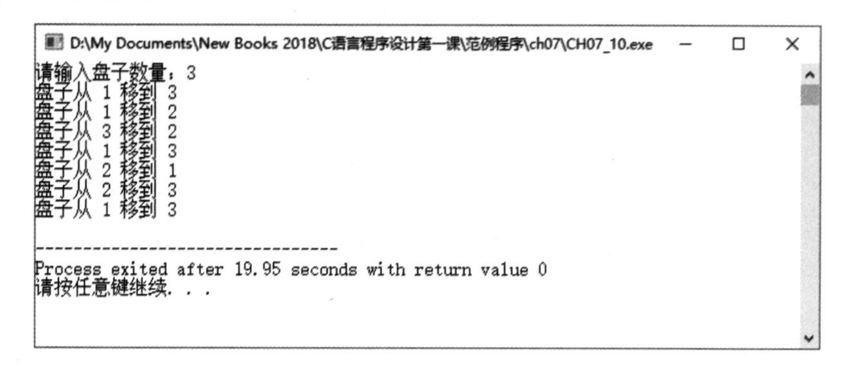

图 7-12

7.6 综合范例程序 2——万年历

设计一个 C 程序，包括一个判断某年是否为闰年的函数，让用户输入公元 1900 年后的年份和月份之后，就能打印出该月份的月历，提示：公元 1900 年 1 月 1 日为星期一。

万年历

【范例程序：CH07_11.c】

```
01 #include <stdio.h>
02 #include <stdlib.h>
03
04 int leap_year(int); /* 闰年函数的原型声明 */
05
06 int main(void)
07 {
08    int i,j,w;
09     int year, month;
10     int days[12]={31,28,31,30,31,30,31,31,30,31,30,31};
11
12    printf("请输入年份：");
13    scanf("%d",&year); /* 输入年份 */
14
15        if  (year >= 1900)
16    {
17          printf("请输入当年月份：");
18          scanf("%d",&month); /* 输入月份 */
19           w=0;
20
21          for(i=0;i<(year-1900);i++)
22          {
23             if (leap_year(i+1900))
24             w=(w+366)%7;
25               else
```

```
26                  w=(w+365)%7;
27          } /*  加上每年的天数 */
28
29          if (leap_year(year))
30                  days[1]=29;
31              else
32                  days[1]=28;/* 闰年判断方式 */
33
34          for(i=0;i< month-1;i++)
35              w=w+days[i]; /* 当年日期计算 */
36          w=w%7;
37
38              printf("\n\n");
39              printf("\t%d年%d月\n\n",year,month);
40          printf("  一  二  三  四  五  六  日\n");
41
42             for(j=1;j<=w;j++)
43              printf("    "); /* 预留空格 */
44
45              for(i=1;i<=days[month-1];i++)
46          {
47                  printf(" %3d",i);
48             if(i%7==(7-w)%7)
49                      printf("\n"); /* 到了周日就换行 */
50          }
51
52          printf("\n");
53    }
54    else
55        printf("请输入1900年以后的年份\n");
56
57    return 0;
58 }
59
60 int leap_year(int x)   /* 闰年判断函数 */
61{
62
```

```
63        if(x % 4 !=0)
64         return 0;
65
66        else if(x % 100 ==0 && x % 400!=0 )
67            return 0;
68        else
69             return 1;
70 }
```

执行结果（参考图 7-13）

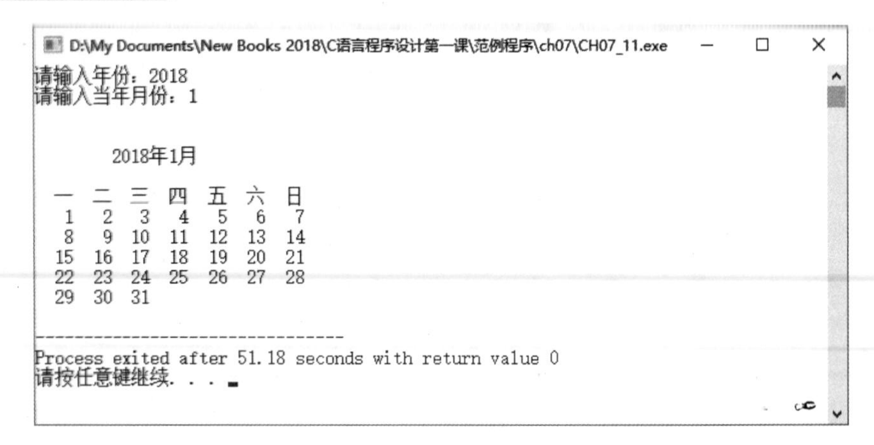

图 7-13

本章重点回顾

- 所谓函数，简单来说，就是一段程序语句的集合，并且给予一个名称来代表此段程序语句的集合。
- C 语言的函数可分为系统本身提供的标准函数和用户自行定义的自定义函数两种。
- 自定义函数是用户根据需求来设计的函数，包括函数声明、自变量的使用、函数的主体与返回值。
- 一个完整的函数包括了函数的原型声明（prototyping）、函数主体的内容与函数调用三个部分。
- 函数原型声明的位置放在程序开头，通常位于 #include 与 main() 之间，或者放在 main() 函数里面。

- 在 main() 函数里面进行函数的原型声明，会限定这个函数只能被 main() 函数里面所声明的函数调用，其他在 main() 函数外声明的函数则无法调用。
- 函数返回值一方面可以代表函数的执行结果，另一方面可以用来检测函数是否成功地执行完毕。
- 函数参数传递的方式可分为“传值调用”（call by value）与“传址调用”（call by address）两种。
- 调用函数时所提供的参数通常简称为“自变量”或“实际参数”（Actual Parameter），而在函数的主体或原型中所声明的参数通常简称为“参数”或“形式参数”（Formal Parameter）。
- C 语言默认的参数传递方式就是传值调用（call by value），表示在调用函数时会将自变量的值逐一复制给函数的参数。
- 传址调用（call by address）表示在调用函数时传递给函数的参数值是变量的内存地址。
- 传址调用时会用到“*”取值运算符和“&”取址运算符。
- 将数组传递到函数时，传递的是数组存放在内存的地址。
- 传递数组的第一维可以省略不填入元素个数，其他维对应的所有中括号中都必须填上元素个数，否则编译时会产生错误。
- 一个递归函数式必备的两个要件：

  （1）一个可以反复执行的过程。

  （2）一个跳出反复执行过程的出口。

课后习题

填空题

1. ________是将变量的地址传递给函数的参数。在函数中参数经过更改，返回给调用函数的程序后，程序变量的数值会被更改。

2. 若想将函数执行结果返回给调用的程序，我们可以使用________指令来完成这项工作。

3. 函数参数传递的方式可以分为_______与_______两种。

4. 传址调用时会用到________运算符和________运算符。

5. ________函数是用户根据需求设计的函数，包括函数声明、自变量的使用、函数的主体与返回值。

问答与实践题

1. C 语言中的函数可分为哪两种？

2. 为什么在主程序调用函数之前必须声明函数原型？

3. 试简述传值调用的功能与特性。

4. 传址调用时要加上哪两个运算符？

5. 简述递归函数的意义与特性。

6. 自定义函数由哪些元素组成？

附　录

习题答案

【第 1 章课后习题】

填空题

1. 高级语言
2. 机器语言
3. UNIX
4. 模块化设计
5. #include
6. 编译器；解释器

问答与实践题

1. 随着C语言在不同操作平台上的发展，它们的语法相近却因为操作平台不同而不兼容，于是在 1983 年，美国国家标准协会开始着手制定一个标准化的 C 语言，以使同一份程序代码能在不同平台上使用，而不必再重新改写。

2. 所谓集成开发环境（Integrated Development Environment，IDE），就是把有关程序的编辑（Edit）、编译（Compile）、执行（Execute）与调试（Debug）等功能集成到同一个操作环境中，让用户只需通过这个集成的环境，即可轻松编写编译、执行与调试程序。

3. 编译（Compile）是使用编译器（Compiler）来将程序代码翻译为目标代码（object code），源代码必须完全正确，编译才会成功。解释（Interpret）是使用解释器（Interpreter）来对源代码进行逐行解释，每次解释完一行程序代码并且运行后，才会再解释下一行。若在解释的过程中发生错误，则解释的操作就会停止。

4. 第一代语言——机器语言、第二代语言——汇编语言、第三代语言——高级语言、第四代语言——非过程性语言、第五代语言——自然语言。

5. 是，因为 C 程序的编写采用自由格式（free format）。

6. main() 是一个相当特殊的函数，代表着任何 C 程序的进入点，也唯一且必须使用 main 作为函数的名称。也就是说，当程序开始执行时，一定会先执行 main() 函数，不管它在程序中的什么位置，编译器都会找到它并开始编译其中的内容，因此 main() 又称为“主函数”。

7. 必须要先以预处理器指令 #include 包含对应的头文件。通常除了使用 C 所提供的内建头文件外，也可以使用自定义的头文件，不过要以“" "”符号将自定义的头文件引住。

8. C 语言不但具有高级语言的亲和力，它的语法让人容易了解，可读性也高，相当接近人类的习惯用语，而且在 C 的程序代码中允许开发者加入低级汇编程序，使得 C 程序更能够与硬件系统直接沟通，因而才被称为中级语言。

【第 2 章课后习题】

填空题

1. float 单精度；double 双精度
2. 数据类型；变量名称；分号
3. 单引号
4.

表2-7

转义字符	功能
\n	换行
\t	水平制表
\\	\（反斜杠）
\"	"（双引号）

5. sizeof
6. 格式化字符

问答与实践题

1. 变量代表计算机中一个内存的存储位置，它的数值可以变动，因此被称为“变量”。常数是在声明要使用内存位置的同时就已经给予固定的数据类型和数值，在程序执行中不能再进行任何更改。

2. 变量名称必须是由“英文字母”“数字”或者下画线“_”所组成的，不过开头字符可以是英文字母或是下画线，但不可以是数字。变量名称不可采用保留字或与函数名称相同的命名。

3. 当使用 #define 来定义常数时，程序会在编译前先调用宏处理器（Macro Processor），以宏的内容来取代宏所定义的标识符，然后才进行编译的操作。

4. 所谓宏（macro），又称为“替代指令”，主要功能是以简单的名称取代某些特定常数、字符串或函数，善用宏可以节省不少程序开发的时间。

5.

转义字符	说明
\t	水平制表符
\n	换行符
\"	显示双引号
\'	显示单引号
\\	显示反斜杠

6.

（1）%c：按照字符的形式输入输出。

（2）%d：按照 ASCII 编码的数值输入输出。

7. 144、64。

8. 在 C 语言中浮点数默认的数据类型为 double，因此在指定浮点常数值时，可以在数值后面加上“f”或“F”，将数值转换成 float 类型。

9. 不行。当我们输入时用来分隔输入的符号，可以由用户指定，因此在 scanf() 函数中指定使用“,”来分隔输入的数据后，在输入时就必须以“,”来分隔。

10. "\n 是一种换行符 "。

【第 3 章课后习题】

填空题

1. 赋值运算符
2. 位逻辑运算符；位位移运算符
3. 运算符；操作数
4. （NOT）! 运算符
5. 条件运算符（?:）

问答与实践题

1. 因为 15 的二进制表示法为 0000 1111，10 的二进制表示法为 0000 1010，两者执行 AND 运算后，结果为 $(1010)_2$ 也就是 $(10)_{10}$。

2. x=50

3. 浮点数的存储方式与整数不同，原程序将会得到结果 2，若要得到较精确的结果，必须将第 3 行改为：

```
float x = 13, y = 5;
```

4. NOT 是位运算符中较为特殊的一种，因为只需一个操作数即可运算。执行结果是把操作数内的每一位求反，也就是原本为 1 的值变成 0、0 的值变成 1。

5. 在 C 中的等号关系是“==”运算符，而“=”则是赋值运算符，这种差异很容易造成程序代码编写时的疏忽，请多加留意。

6. 200，-60，-3

7. 10

【第 4 章课后习题】

填空题

1. 模块
2. break

3. 顺序结构；选择结构；重复结构

4. 分号

5. 嵌套

6. 字符；整数常数

7. default

问答与实践题

1.if 与 else 之间有两条程序语句，属于复合语句，应该使用 {} 将第 2 行与第 3 行括起来。

2. 顺序结构、选择结构与重复结构。

3. default 指令原则上可以放在 switch 程序语句区内的任何位置，如果找不到符合的结果值，最后才会执行 default 语句。另外，除非放在最后才可以省略 default 语句区块内的 break 指令，否则必须加上 break 指令。

4. 在条件判断复杂的情况下，有时会出现 if 条件语句所包含的复合语句中又有另外一层 if 条件语句，这种多层的选择结构就称作嵌套 if 条件语句。

5. 整数类型或字符类型。

6. if 语句会寻找最接近的 else 语句配对，所以把这个程序代码片段修改为：

```
if(a < 60)
{
    if( a < 58)
        printf("成绩低于 58 分，不合格 \n");
}
else
    printf("成绩高于 60，合格！");
```

7. 程序代码中的 else 似乎与最上层的 if(number%3 ==0) 配对，实际上是与 if(number%7 == 0) 配对的。

【第 5 章课后习题】

填空题

1. for 循环

2. break

3. goto

4. do while

5. 无限

问答与实践题

1. while 循环只有在条件判断表达式成立的情况下才能执行循环内的程序区块，否则无法执行循环内的程序区块；do while 循环内的程序区块无论如何至少会被执行一次。

2. k 值会在此循环中一直累加到大于 25 才离开，所以 k 值最后的值是“26”。

3. 第 7 行有误，do while 循环最后必须使用分号作为结束。

4. for 循环中的三个表达式必须以分号“；”分隔开，而且一定要设置跳离循环的条件以及控制变量的递增或递减值。for 循环中的三个表达式相当具有弹性，可以省略不需要的表达式，也可以拥有一个以上的运算语句。

5. 当 break 指令在嵌套循环中的内层循环时，一旦执行 break 指令，就会立刻跳出最近的一层循环区块，并将控制权交给区块外的下一行程序。continue 指令的功能会结束正在循环本体区块内正在执行的程序，而将控制权转移到循环开始处，重新执行下一轮的循环。

6. (a) 输出 012345

(b) 输出 0123467

7. goto 指令可以将程序流程直接改变到程序的任何一行语句。虽然 goto 指令十分方便，但很容易造成程序流程的混乱，将来维护会十分困难。

【第 6 章课后习题】

填空题

1. 索引值
2. sizeof
3. 0
4. 4*6=24
5. 字符数组

问答与实践题

1.（1）声明数组时即赋予初始值。

```
数组名 [ 数组大小 ]={ 初始值 1, 初始值 2,…};
```

（2）使用索引值，设置数组中各个元素的数值。

```
数组名 [ 数组索引值 ]= 设置数值 ;
```

2. Str_2=Str_1; 由于字符串不是 C 的基本数据类型，所以无法使用数组名直接赋值给另一个字符串，如果需要给字符串赋值，我们必须从字符数组中一个一个取出元素内容，再逐一进行复制。

3. 字符串数组末尾未加 '\0' 结束字符，第 3 行应改为：

```
char str[]={'J','u','s','t','\0'};
```

4. 不正确。因为在 C 语言对多维数组索引值或下标值的设置中，只允许第一维省略，而其他维数的索引值或下标值必须清楚定义长度。

5. A[0][3]、A[0][4]、A[1][4]。

6. 1222。

7. 'a' 与 "a" 分别代表字符常数和字符串常数。两者的差别在于：字符串的结束处会多安排一个字节的空间来存放 '\0' 字符，以作为这个字符串结束时的符号。

【第 7 章课后习题】

填空题

1. 传址调用
2. return
3. 传值调用；传址调用
4. “*”取值；“&”取址
5. 自定义

问答与实践题

1. C 语言中的函数分为系统本身提供的标准函数和用户自行定义的自定义函数。

2. 编译器在主程序的部分并不认识函数，这时就必须在程序尚未调用函数之前先声明函数的原型，告诉编译器有此函数的存在。

3. 所谓传值调用，是指主程序调用函数的实际参数时，系统会将实际参数的数值传递并复制给函数中相对应的形式参数。由于函数内的形式参数已经不是原来的变量（形式参数额外分配了内存），因此在函数内的形式参数执行完毕后并不会更改原先主程序中调用的变量内容。

4. 传址调用的参数声明时必须加上 * 运算符，调用函数的自变量前必须加上 & 运算符。

5. 函数不单是能够被其他函数调用的程序区块，C 语言也提供了函数调用自身的功能，就是所谓的递归函数。通常一个递归函数必备的两个要件是：

（1）一个可以反复执行的过程。

（2）一个跳出反复执行过程的出口。

6. 函数名称、参数、返回值与返回值的数据类型。